兒童安全大百科

CHILDREN'S ENCYCLOPEDIA OF SAFETY

鞠萍 主編

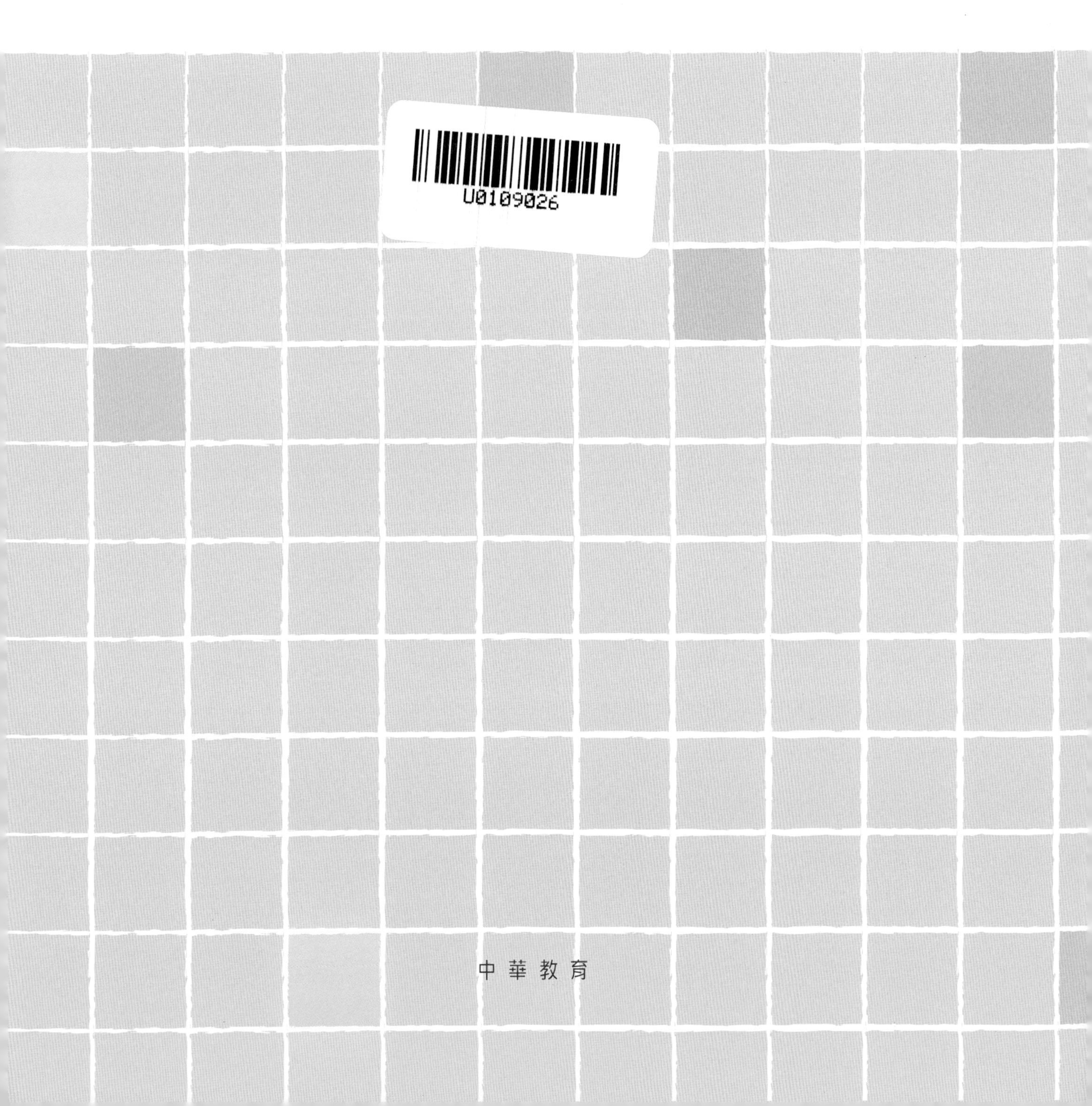

中 華 教 育

◎責任編輯：楊歌　劉可有
◎封面設計：余燕玲
◎版式設計：鄧佩儀
◎排　版：陳美連
◎印　務：劉漢舉

兒童安全大百科

鞠萍　主編

出版 | 中華教育
香港北角英皇道 499 號北角工業大廈 1 樓 B
電話：(852) 2137 2338 傳真：(852) 2713 8202
電子郵件：info@chunghwabook.com.hk
網址：http://www.chunghwabook.com.hk

發行 | 香港聯合書刊物流有限公司
香港新界荃灣德士古道 220-248 號 荃灣工業中心 16 樓
電話：（852）2150 2100　傳真：（852）2407 3062
電子郵件：info@suplogistics.com.hk

印刷 | 美雅印刷製本有限公司
香港觀塘榮業街 6 號海濱工業大廈 4 字樓 A 室

版次 | 2021 年 12 月第 1 版第 1 次印刷

規格 | 16 開（285mm x 210mm）

ISBN | 978-988-8760-12-1

知道危險的孩子最安全

孩子發生意外，很多時候是因為不知道危險。數據統計顯示：每一起人身傷亡事故的背後，都有無數種危險的行為。用冰山來比喻：一起傷亡事故，就像冰山浮在海面上的部分，無數種危險的行為就像海面以下的部分。海面上的冰山能夠引起人們的重視，海面以下的部分卻不易被發覺。殊不知，那才是最可怕的安全隱患，就是它們釀成了一起又一起事故。所以，只有消除「水下」那些潛在的危險，才能保證真正的安全。

安全教育首先要做的是讓孩子知道危險在哪裏，讓孩子避免危險。孩子對危險的認識度越高，就會越安全。《兒童安全大百科》這本書要告訴我們的正是這樣一個道理。本書循着孩子們的生活足跡——家庭、學校、公園（動物園）、商場、運動場、路上、車（船、飛機）上、野外、網絡，聚焦了一百三十多個安全主題，以防患於未然為前提，以防止意外事故發生為目標，不僅讓孩子認識到身邊存在着各種危險因素，還告訴孩子在危險來臨時該如何保護自己。

安全包括人身安全和心理安全兩個方面。目前很多安全讀本都忽視了兒童心理安全方面的教育，本書在這方面填補了空白，對兒童在生活和學習中遇到的各種困擾和煩惱，進行了專業的解答和心理疏導，對兒童安全進行了全方位的關照。

如果把各種可能對孩子造成傷害的東西或情形比喻成地雷，那麼這本書最大限度地為孩子掃除了生活中的各種「地雷」——從家到學校，從室內到戶外，從現實到網絡，從天災到人禍，從生理到心理，是一本分量十足的安全百科。

希望讀了這本書的小朋友，能夠遠離危險，形成自覺的安全意識，從「要我安全」變為「我要安全」。

祝小朋友們每一天、每一刻、每一分、每一秒都安安全全！

中國人民公安大學教授／兒童安全教育專家／一級警監

本書漫畫人物簡介

他們是誰？

朱小淘

故事裏的小主人公，機智、聰明、淘氣、自信滿滿而又常常製造點「小麻煩」。

王小鬧

小淘的好朋友，憨厚、老實，偶爾會犯傻。

夏　朵

小淘的好朋友，可愛、懂事、善良，是標準的「好孩子」。

打開這本「救命」書，嘿嘿，這麼多故事啊，真好看！書中有三個不同性格的小朋友，就像生活中的「你」「我」「他」，每天做着傻事，也不斷在學習新的知識。他們的爸爸、媽媽則是安全的守護天使，護佑着他們健康、快樂地成長。

現在，我們來認識一下故事裏的主要人物吧！

鬧鬧媽媽

對鬧鬧要求很嚴格，其實很關心鬧鬧。

小淘媽媽

時刻關心小淘的生活，是位稱職的好媽媽。

小淘爸爸

風趣幽默，深受小朋友們喜愛。

目錄

1 室內篇

在家裏

在學校裏

在商場裏

在公共交通設施內

在網絡上

室外篇

在公園（動物園）裏

在運動場上

在路上

在野外

3 自然篇

5 附錄

4 心理篇

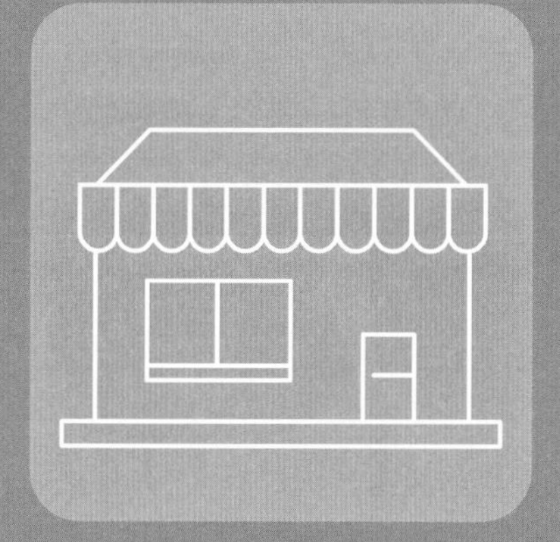

1 兒童安全大百科

室內篇

1. 用火時

有人喜歡玩火，可是一旦引發火災，那就一點兒也不好玩了！生活中用火的地方很多，我們要格外當心，千萬別做危險的縱火者。

安全守則

★ 點燃的蠟燭和蚊香要遠離窗簾、蚊帳、衣物、書本等可燃物。

★ 不要玩火，不要攜帶火柴或打火機等火種。

★ 不要在易燃、易爆物品存放處用火。

★ 用完燃氣要及時關閉閥門。

★ 不要隨意燃放煙花爆竹，更不要在室內或火爐內燃放。

緊急自救

遭遇火災時，千萬不要驚慌失措。應立刻撥打緊急熱線「999」求助，同時不要盲目採取行動，應該冷靜地觀察，然後根據自己所處的位置採取相應的方法自救逃生。

- 出口逃生法：身處平房或樓房一層，如果門的周圍火勢不大，應迅速打開房門離開火場；如果房門已經被火包圍，就必須另行選擇出口脫身，比如從窗口跳出。
- 關門隔火法：身處平房或樓房一層，如果火勢太大無法衝出房間，應立即關緊門窗，用毛毯等堵住門窗縫隙，並不斷往上面澆水，令其冷卻，防止外部火焰侵入，等待救援。
- 毛巾捂鼻法：在相對封閉的空間內，可以用摺疊多層的濕毛巾捂住口鼻，這樣能夠有效阻擋火災的煙氣，過濾掉多數毒氣。
- 匍匐前進法：在相對封閉的空間內，逃生時應儘量將身體貼近地面匍匐或彎腰前行。
- 濕被保護法：在居室內，可以把棉被、毛毯、棉大衣等浸濕，披在身上，以最快的速度衝到安全區域。
- 繩索自救法：如果樓層不高，在有把握的情況下，可以將結實的繩索一頭繫在窗框上，然後順繩索滑落到地面；如果沒有繩索，可以把牀單、被罩、窗簾等撕成條，幾股擰在一起並連接在一起當繩索，供逃生使用。
- 管線下滑法：如果樓層不高，還可以借助建築外牆或陽台邊上的水管、電線杆等下滑到地面。

特別提示

油鍋着火不能用水澆

水能滅火，這是常識，但有一種情況是千萬不能用水去滅火的，這就是油鍋着火。為甚麼呢？

水是比油重的物質，如果將水潑到油上，水會沉入油的底層，帶着燃燒的油四處蔓延，這樣就加大了空氣與火的接觸面積，火勢也會越來越大。因此一定要記住，當油鍋着火後，不能用水將其澆滅。

知道多一點

滅火方式一覽

- 炒菜油鍋着火時：要關閉爐灶燃氣閥門，然後迅速蓋上鍋蓋滅火，也可將切好的蔬菜倒入鍋內冷卻滅火，還可以用能遮住油鍋的大塊濕布蓋在鍋上，但千萬不能用水澆。
- 液化氣罐着火時：可用浸濕的被褥、衣物等捂滅，還可用乾粉或蘇打粉滅火。火熄滅後要立即關閉閥門。
- 家用電器或線路起火時：不可直接潑水，要先切斷電源，然後用乾粉滅火器滅火。
- 紙張、木頭或布起火時：可用水來撲救。
- 汽油、酒精、食用油着火時：可用土、泥沙、乾粉滅火器等滅火。
- 滅火器的使用方法：

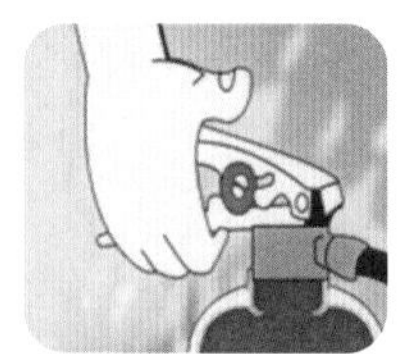
1. 提起滅火器

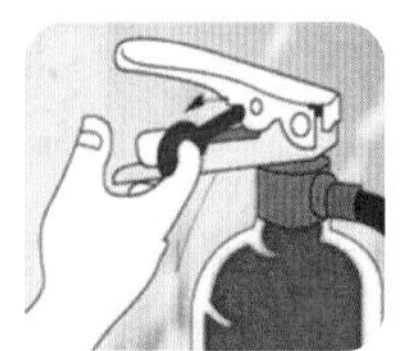
2. 拔下保險銷

3. 用力壓下手柄

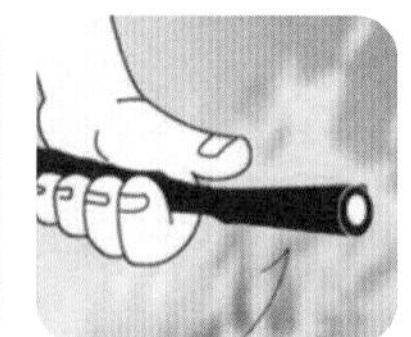
4. 對準火源根部掃射

安全童謠

火災逃生歌謠

火場逃生要鎮定，找對出口保性命；浸濕毛巾捂口鼻，彎腰靠近牆邊行；

困在屋內求救援，臨窗揮物大聲喊；床單結繩拴得牢，順繩垂下亦能逃；

遇火電梯難運轉，高層跳樓更危險；生命第一記心間，已離火場莫再返。

2. 用電時

電是光明的使者，但也是摸不得屁股的「老虎」，一旦衝出牢籠，它可是會「吃人」的。所以我們一定要摸透它的脾氣，安全使用它。

安全守則

★ 了解家中電源總開關以及所有電器開關的位置，緊急時及時切斷電源。

★ 不要用手或導電物（鐵絲、釘子等金屬物）接觸、探試電源插座內部。

★ 不要用濕手觸摸電器，也不要用濕布擦拭電器。

★ 電器使用完畢應關掉電源，然後拔掉電源插頭。插拔電源插頭時不要用力拉拽電線，以防因電線的絕緣層受損而觸電。

特別提示

發現有人觸電後

發現有人觸電後，應立即大聲呼救。若事故現場沒有旁人，在保證自身安全的情況下，要設法及時切斷電源，拉下電閘，或者用乾燥的竹竿、木棍將導電物與觸電者分開，千萬不要用金屬棒或者潮濕的木棍接觸觸電者，更不可直接接觸觸電者，以防觸電。

觸電者脱離電源後，如處於昏迷狀態，要想辦法將其移到通風處，解開觸電者的衣扣，使其自由呼吸，然後請大人來幫忙或者撥打緊急熱線「999」求助。

知道多一點

戶外防電「六不要」

1. 不要到電動機和變壓器附近玩耍。
2. 不要爬電線杆或搖晃電線杆拉線。
3. 不要在電線杆附近放風箏，風箏一旦接觸電線，會非常危險。
4. 不要在電線上或電線下面的鐵絲上掛東西、晾衣服。
5. 不要在大樹下躲避雷雨，因為淋濕的樹葉會導電。
6. 不要用手去拾落地的電線，以免觸電。

安全童謠

安全用電歌謠

電器插座勿亂動，濕手千萬不能沾；人走電停拔插頭，雷雨天氣慎用電；

下雨最怕樹下躲，電線杆下有雷擊；晾衣線繩和電線，保持距離莫勾連；

電線落地不要撿，保持距離防觸電；用電悲劇常發生，安全用電記心間。

3. 使用燃氣時

燃氣泄漏是非常危險的，泄漏的氣體不但會導致人中毒，而且當燃氣達到一定濃度的時候，還會引起爆炸。所以一定要安全使用燃氣。

安全守則

★ 使用燃氣前必須注意是否有臭味，確認不漏氣後再開火使用，並注意保持通風良好。

★ 點燃時，如果連續三次打不着火，應停頓一會兒，確定燃氣散盡後再重新打火。

★ 使用燃氣時人不能離開，要隨時照看灶具爐火，以確保用氣安全。

★ 燒水和煮飯時，鍋和壺裏的水不要太滿，以免沸水溢出澆滅爐火造成泄氣。

★ 使用灶具時如發現熄火，要立即關閉開關並打開門窗通風。

★ 用完燃氣灶，要及時關好燃氣閥門。

★ 睡覺之前要提醒爸爸、媽媽檢查燃氣灶是否關好，以免在熟睡中中毒。

緊急自救

- 如果發現家裏燃氣泄漏了，要用濕毛巾包住手，立即關閉總閥門和各個截門，開窗通風，讓燃氣散盡，並儘快離開現場。
- 如果已經感到全身無力，應趕快趴倒在地，爬至門邊或窗前，打開門窗呼救。
- 煤氣異味散去之前，切勿點燃明火、開燈、開啟或關閉任何電源開關，以免引起爆炸。

知道多一點

煤氣中毒

煤氣中毒通常指的是一氧化碳中毒。煤氣中含有一氧化碳氣體。一氧化碳無色無味（我們常聞到的煤氣味，是人為加入的），易與血液中的血紅蛋白結合，從而引起機體組織缺氧，造成人昏迷並危及生命，即一氧化碳中毒。煤氣中毒後，人往往會頭暈、噁心、嘔吐、四肢無力，嚴重者會抽搐、口吐白沫、昏迷甚至死亡。

特別提示

香港人口密集，不同樓宇內的燃氣設施不同。如果設備老化氣體泄漏，會引發中毒、火災甚至爆炸，危害很大。所以我們日常注意用氣安全同時，也要定期聯繫燃氣公司作安全檢查。

4. 看電視時

電視能讓我們足不出戶看到外面的世界。但是，電視除了給我們帶來歡樂，也隱含着一些風險。所以，看電視也要遵守一些規則。

安全守則

★ 看電視的時間不宜過長，否則容易造成視覺疲勞，還會影響正常的學習和生活。

★ 看電視時不宜距離電視過近，要保持足夠的距離，以免傷害眼睛。

★ 電視播放的音量不宜過高，長時間被較高的音量刺激，聽覺的感受性容易減弱。

★ 看電視時室內光線不宜過暗，以免電視亮度過強刺激眼睛。

★ 不要躺着看電視。躺着看電視時，視線與電視機屏幕不能保持在同一水平線上，需要用眼睛來調節，這樣不僅會使眼睛感到疲勞，還會引起視力下降以及散光、斜視等。也不要歪歪斜斜地坐着看電視，這樣容易養成不良的坐姿習慣，使未定型的脊柱發生變形或彎曲。

★ 不要邊吃東西邊看電視。邊吃邊看，嘴裏的食物往往咀嚼不夠，容易加重腸胃負擔，影響消化。

★ 要選擇有益的電視節目，不要看不健康或充滿暴力的節目，以免影響身心健康。

★ 不能長期用遙控器關閉電視，看完電視後，要及時切斷電源。

★ 雷雨天不要看電視，而且要拔掉電視機的電源插頭。

知道多一點

看電視束縛想像力

科學家做過這樣的實驗：把孩子分成兩組，一組聽老師講白雪公主的故事，一組看卡通片《白雪公主》，之後讓兩組孩子畫出心目中的白雪公主。聽了故事的孩子根據想像，賦予白雪公主不同的形象、裝束和表情，因此他們畫出的白雪公主各不相同。而看了動畫片的孩子畫出的白雪公主全都一樣，因為他們看到的是同一個樣子。過些天，科學家讓這兩組孩子再畫一次白雪公主，聽故事的孩子這次畫的和上次的又不一樣，因為他們又有了新的想像；而看過動畫片的孩子，畫的和上次還是一樣。

這個實驗告訴我們，卡通片中的人物形象往往固化了故事中的角色，束縛了孩子的思維。想保護孩子的想像力，就多講故事給他們聽，而別總是讓他們看卡通片。

給家長的話

電視節目尤其是影視作品對兒童思想行為的影響不容忽視。由於兒童缺乏足夠的鑒別能力，行為方式和思想認識很容易受到影視作品的影響，有些孩子會模仿電視劇或卡通片中角色的行為，從而發生一些不該發生的悲劇。因此，在孩子看電視的問題上，家長應該發揮更多的作用，對電視節目進行把關，並對孩子進行監管，以身作則，進行正確的引導。

5. 吹電風扇時

「電風扇，轉轉轉，不知疲倦把活幹；我有風扇來陪伴，再也不怕大熱天！」不過，電風扇也是個危險的傢伙，有時它會「咬人」喲！

安全守則

★ 大汗淋漓時不能直接對着電風扇吹，以免排汗不暢，導致人體循環被破壞。

★ 不要長時間對着電風扇吹，以防體温下降引起傷風、感冒、腹痛等疾病。

★ 不宜用電風扇降溫伴睡，因為人在熟睡時機體各臟器的功能會降到最低水平，易招致疾病。

★ 不要用手指去摸或把任何物體插入正在旋轉的扇葉，以免受傷。

★ 頭髮要遠離電風扇，以防被扇葉捲進去。

6. 使用微波爐時

現代家庭離不開微波爐，它給我們的生活帶來了很大的便利；但使用不當，微波爐也會危害健康。那麼，如何才算使用得當呢？

安全守則

★ 微波的輻射很強，開啟微波爐後，人應該遠離它，距離要達 1 米以上。
★ 微波加熱的時間不能過長，否則容易燒焦食物，甚至引發危險。
★ 要使用專門的微波爐器皿盛裝食物放入微波爐中加熱，因此在使用微波爐之前應該檢查所使用的器皿是否適用於微波爐。
★ 加熱食物前一定要關好微波爐的門，加熱期間不能打開，以防微波泄漏對身體造成輻射傷害。
★ 不要將封閉容器盛裝的食物和密封包裝的食物直接放進微波爐，應該開啟後再加熱，因為在封閉容器內食物加熱產生的熱量不容易散發，容器內壓力過高，易引發爆炸。
★ 微波爐一次加熱或解凍食物的數量不宜過多，食物太多會造成微波爐運轉不正常。
★ 不可以在空無食物的時候啟動微波爐。
★ 微波爐的按鍵是輕觸式的，使用時不需要太用力；如果按錯鍵了，可以按停止鍵予以取消。
★ 不能在微波爐中加熱油炸食品，因為油炸食品經過高溫加熱之後，高温的油會飛濺，有可能引發火災。
★ 微波爐內起火時，不能打開爐門，應該先關閉電源，等待火熄滅之後再開門進行降温。
★ 在微波爐中加熱或是解凍的食物，若忘記取出，時間超過兩個小時，則應該丟掉，以免引起食物中毒。

特別提示

勿將金屬容器和普通塑膠容器放入微波爐加熱

千萬不要將金屬容器和普通塑膠容器放入微波爐加熱，因為將金屬容器放入微波爐加熱，金屬會反射微波而產生火花，既損傷爐體，又妨礙加熱食物；將普通塑膠容器放入微波爐加熱，一方面熱的食物會使塑膠容器變形，另一方面普通塑膠會釋放有毒物質，污染食物，危害身體健康。

7. 乘坐電梯時

城市生活離不開電梯，乘坐電梯既省時又省力。我們在享受方便的同時，更要確保上上下下的安全。

安全守則

★ 不要在電梯裏跑跳打鬧，這可能會使電梯突然停運。

★ 不要用身體去阻止電梯關門，也不要將身體貼靠在電梯門上，以防電梯門開啟時受傷。

★ 不要隨意觸摸電梯轎廂內的各種按鍵，電梯正常運行時不要按緊急求救按鈕。

★ 電梯門沒有關上就運行或運行中突然停止不動，說明電梯有故障，這種情況下要馬上按緊急求救鍵。

★ 電梯超載後絕對不能乘坐；發生火災或地震時，也一定不要乘坐電梯。

緊急自救

- 被困在電梯裏出不來時，要保持鎮定，可按緊急求救鍵、利用對講機或撥打自己的手機求援。
- 如果電梯裏沒有警鐘和電話機，手機又沒有信號，可拍門大聲叫喊，或用物品敲打電梯門，以引起外面人的注意；當無人回應時，應保持體力，耐心等待。
- 千萬不要強行扒門，如果在扒門時恰巧電梯移動，將會造成人身傷害，嚴重時甚至會墜入電梯井。
- 當電梯突然加速上升或下降時，應迅速按下所有樓層的按鍵，然後儘量穩住身體重心，將整個背部和頭部緊貼轎壁，同時保持膝蓋彎曲。

特別提示

火災逃生不能乘電梯

發生火災後，人們首先會切斷電梯供電電源，電梯也就不能運行了；電梯井道從大樓的底層直通到最高層，相當於一個煙筒，一旦樓房失火，煙霧會向電梯井道內竄，電梯轎廂並非密不透風，濃煙很容易進入，最終可令人窒息身亡。所以，發生火災時電梯也是最危險的地方。

知道多一點

乘電梯的禮儀

- 如果電梯門口有很多人在等候，不要擠在一起或擋住電梯門，應先下後上。
- 男士和晚輩應站在電梯開關處提供服務，並讓女士、長輩先進電梯，自己隨後進入。
- 與客人一起乘電梯時，應為客人按鍵，並請其先進出電梯。
- 在電梯裏，大家儘量沿三個轎壁排成「凹」字形，挪出空間，以便讓後進入者有地方可站。
- 即使電梯中的人都互不認識，站在按鍵處的人，也應為別人服務。
- 在電梯內不要大聲交談、喧嘩。

8. 吃東西時

人是鐵，飯是鋼，一頓不吃餓得慌。我們靠吃飯維持生命，可吃飯也是大有學問的。吃好了，健健康康；吃不好，則會生病。

安全守則

★ 吃飯時要細嚼慢嚥，狼吞虎嚥會加重腸胃負擔。

★ 飲食要適量，吃得過多會損傷腸胃。

★ 不要食用不乾淨的食物和過期變質的食物。

★ 嘴裏有食物時儘量避免大笑或者説話，以防食物進入氣管，發生危險。

★ 不要把東西拋到空中用嘴接着吃，這樣容易使食物進入氣管，發生危險。

★ 不宜貪吃冷飲，過冷的食物進入胃裏會刺激胃黏膜，還可能使人患上消化系統的疾病，出現胃痛、腹瀉等症狀。

★ 要少喝碳酸飲料。碳酸飲料含有大量的碳酸，與人體中的游離鈣結合後會生成碳酸鈣，影響人體鈣質的吸收，影響骨骼發育。可樂等碳酸飲料中的咖啡因還會導致慢性中毒。

★ 不要食用無根的豆芽、未燒熟的四季豆、發芽的薯仔、變色的紫菜、鮮黃花菜、生豆漿、毒蘑菇、青番茄、長斑的紅薯、發芽的銀耳、未醃透的鹹菜等，這些食物易使人中毒。

9. 喝水時

水是生命的源泉，人對水的需要僅次於對氧氣的需要。人人都在喝水，但喝水並不是一件簡單的事兒，它是很有學問的。

安全守則

★ 喝水時不要太急，不要説話或大笑，也不要躺着，以免嗆到。

★ 不要飲用井水、河水、溪水以及家裏的自來水等生水，因為這些水中含有細菌、病毒和寄生蟲等。

★ 最好飲用溫開水。過燙的水會破壞食道黏膜，過冷的水則會引起腸胃不適。

特別提示

不要等到口渴才喝水

要養成定時飲水的習慣，不要等口渴了再喝，因為口渴表示人體水分已失去平衡，是人體細胞脱水到一定程度、中樞神經發出要求補充水分的信號。

知道多一點

喝水過量也會中毒

水要喝，但並非多多益善，喝得過量了也會「中毒」。這是因為喝水過多，身體必須將多餘的水分排出，但隨着水分的排出，人體內以鈉為主的電解質會被稀釋，血液中的鹽分會越來越少，吸水能力也隨之降低，水分就會通過細胞膜進入細胞內，使細胞水腫，人就會出現頭暈、眼花等「水中毒」的症狀。

10. 服藥時

俗話説「是藥三分毒」，其實這已經説明了藥物的危害。誤服或過量服用藥物，危害就更大了。

安全守則

★ 生病時不要自己隨便用藥，要根據醫生的診斷，對症用藥。

★ 在藥店購買藥物，要選擇包裝盒上寫明在香港合法註冊的藥品，即非處方藥；購買處方藥一定要有醫生的診斷和指導。

★ 用藥前要仔細閱讀説明書，並對應自己的症狀服用，尤其要注意按劑量服用，不能超量，以免引起不良反應甚至危及生命。

★ 服藥前一定要看清楚藥品的生產日期和保質期，不能服用過期藥物，即便在有效期內，也要注意觀察，變色變質的藥物千萬不要服用。

★ 打開包裝而沒有用完的藥物，應存放在陰涼乾燥的地方，不要更換包裝，以免誤服或變質而不知。

★ 沒有醫生指導，不要隨意混合用藥，幾種藥同時服用很容易造成劑量超標，損害健康。

★ 服藥後要注意有無不良反應，如有嚴重不良反應，應立即就醫。

緊急自救

發現自己或他人誤服藥物中毒後，先要弄清藥名和數量，然後採取相應的急救措施。

- 誤服含強酸、強鹼性的液體：應喝一些對應的液體中和毒液，誤服酸性毒物後應喝一些鹼性液體，誤服鹼性毒物後要喝酸性液體，然後大量飲用牛奶、蛋清，以防胃黏膜受到破壞，阻止人體對毒素的吸收。
- 誤服安眠藥、老鼠藥等：最好的辦法是催吐，先大量喝溫開水或淡鹽水，然後把食指和中指伸到口腔內壓住舌根，把毒物嘔吐出來，反覆多次，直到全部吐出；如吐不出來，可以大量喝牛奶或蛋清。
- 誤服癬藥水和止癢水：應立即用茶水洗胃，因為茶葉中含有的鞣酸有解毒作用。
- 誤服碘酒：可立即喝下大量米湯或麪糊，然後用筷子刺激咽喉壁以催吐，最後再喝下稠米湯或蛋清等，以保護胃黏膜。

特別提示

止痛藥和止瀉藥須慎服

急性腹痛時不要服止痛藥，以免掩蓋病情延誤診斷；腹瀉時不要亂服止瀉藥，以免毒素難以排出、腸道炎症加劇。

11. 吃魚時

魚類食品肉質細嫩，味道鮮美，營養豐富。假如你是愛吃魚的「小為食貓」，千萬要小心魚刺喲！

安全守則

★ 魚入口前要仔細看有沒有刺，沒有刺才能入口。

★ 入口的魚肉要細細咀嚼，當確保無刺時，才可以嚥下。

緊急自救

- 如果不小心鯁魚刺，可用手電筒照亮口咽部，用小勺將舌背壓低，仔細檢查咽喉的入口兩邊，因為這是魚刺最容易被卡住的地方。如果發現刺不大，扎得不深，可用長鑷子夾出。
- 如果魚刺較大或扎得較深，無論怎樣做吞嚥動作，仍疼痛不減，喉嚨的入口兩邊及四周又看不見魚刺，就應去醫院治療。

特別提示

除魚刺時切勿大口吞嚥食物

當魚刺卡在嗓子裏時，千萬不能囫圇吞嚥大塊饅頭、餅、米飯等食物。雖然有時這樣做可以把魚刺除掉，但有時這樣做，不僅不能把魚刺除掉，反而會使它刺得更深，更不易取出。

知道多一點

甚麼樣的魚不能吃

- 有異味的魚：這種魚很可能來自受污染的水域，人吃了會造成細胞蛋白質變性和沉澱而損害神經、肝臟和腎臟。
- 畸形的魚：這種魚很多體內都有腫瘤，人吃了不僅會影響身體健康，甚至還可能患上莫名其妙的疾病。
- 燒焦的魚：這種魚含有大量的致癌物質，堅決不能食用。
- 醃鹹魚：這種魚放的時間較長，魚體脂肪易被空氣氧化而變質，對人體有較大的毒害。另外，鹹魚含鹽較多，常吃易患高血壓。

12. 打邊爐時

在寒冷的冬季，一家人圍坐在桌邊，吃着熱氣騰騰的火鍋，真是一件樂事。但火鍋雖然美味，卻也暗藏陷阱，不得不防。

安全守則

★ 火鍋以涮、燙為主，所選食材必須新鮮、乾淨，以防食物中毒。

★ 要把食物涮熟了再吃，否則未被殺死的細菌易引發消化道疾病。

★ 從鍋中取出滾燙的涮食時，最好先放在小碟裏等它涼，食用太燙的食物容易燙傷口腔、舌頭或者損傷胃黏膜，導致急性食道炎和急性胃炎。

★ 要輕夾輕涮，以免被濺起的湯汁燙傷，同時手不要碰觸熱鍋，以免被燙傷。

★ 夾熟食和生食的筷子要分開，以防生食上的細菌入口引發胃腸疾病。

13. 燃放煙花爆竹時

節日裏燃放煙花爆竹會增添很多樂趣，但燃放不合格的煙花爆竹或者燃放方法不當，也會給人們帶來巨大的傷害。燃放煙花爆竹不小心可不行！

安全守則

★ 要在大人的指導下燃放煙花爆竹，不能獨自玩火。

★ 燃放時一定要選擇室外空曠的場地，不要在明令禁止的區域燃放，也不要在屋內燃放。

★ 燃放前要仔細閱讀燃放説明，煙花爆竹要擺放平穩牢固，筒口朝上，沒有註明可手持的不能手持燃放。

★ 點引線時注意身體任何部位都要離開筒口，側身點燃，並迅速轉移到安全區域觀賞。

★ 當燃放的煙花出現熄火現象或沒有爆響時，不要馬上靠近，也不要再次點燃，要等待一段時間，確定安全後再上前處理。

★ 不要向行人、車輛及建築物投擲煙花爆竹。

★ 在鄉村燃放煙花爆竹要避開柴草，以免引發火災。

★ 煙花爆竹不可長期儲存在家中，儲存時要遠離火源，避免受潮和被曝曬。

緊急自救

- 如果不幸被煙花爆竹炸傷，要儘快往燒傷部位澆冷水，防止燒傷面積擴大，然後用消毒紗布或乾淨的手帕等輕輕覆蓋傷口。
- 如果皮膚表面起了水泡，不要將其弄破，也不要塗抹藥水、藥膏等，以免增加感染風險。
- 如果頭部被燒傷，可用乾淨的毛巾裹住冰塊進行冷敷，然後儘快就醫。

知道多一點

香港在 1967 年立法禁止燃放煙花爆竹，現時除政府主辦的煙花匯演節目和一些主題公園燃放煙花活動，個人非法藏有或燃放煙花爆竹，會被檢控。

14. 養護植物時

為了淨化空氣，美化家居，很多家庭都會養一些綠色植物。別小看這些花草，它們之中可是隱藏着很多健康殺手呢！

安全守則

★ 有些植物如月季、仙人掌等，長有尖刺，容易刺破人的皮膚，不要用手去觸碰。

★ 有些植物如夜來香、鬱金香等，散發的香氣過於濃郁，會刺激人體的神經系統，讓人頭暈、噁心，身體不適。

★ 有些植物如滴水觀音、水仙花等，含有毒素，如果你折斷它們的莖葉舔舐或者放到嘴裏嚼，就會中毒。

★ 有些植物的葉面早上會吐出露珠，這時千萬不要輕易觸碰它們，或將它們採下來含到嘴裏，因為此時的露珠大多是植物代謝的產物，毒性比較強。

★ 綠色植物白天可以放在室內，晚上會釋放二氧化碳，還會和人搶着吸氧，所以睡覺時最好移到室外。

知道多一點

常見的有毒植物

- 滴水觀音：莖內的白色汁液以及葉子上滴下來的水有毒，皮膚與其接觸會瘙癢或強烈刺激，眼睛與其接觸，則可引起嚴重的結膜炎，甚至失明。
- 龜背竹：葉子會滴水，毒性與滴水觀音類似。
- 綠蘿：汁液有毒，皮膚接觸到它會紅癢，人誤食它會喉嚨疼痛。
- 夾竹桃：莖、葉、花朵都有毒，它分泌出的乳白色汁液含有一種叫夾竹桃苷的有毒物質，誤食會中毒。
- 水仙：人體一旦接觸到水仙花葉和花的汁液，皮膚會紅腫；誤食會出現嘔吐、腹瀉、手腳發冷等症狀，嚴重時會導致痙攣、麻痺而死亡。
- 夜來香：夜間停止光合作用，夜來香會排出大量廢氣，對人的健康極為不利，因而晚上不應在夜來香花叢前久留。
- 含羞草：內含含羞草鹼，接觸過多會使眉毛稀疏、毛髮變黃，嚴重的會導致毛髮脱落。
- 紅掌：又名紅燭，和滴水觀音同屬天南星科植物，葉子和莖都有毒。

15. 陌生人敲門時

門是忠誠的衞士，守護着家，但它卻不能給我們帶來絕對的安全；真正把危險擋在門外的，是我們的安全意識。

安全守則

★ 獨自在家要及時把門窗關好鎖好。如果聽到有人敲門，要通過防盜眼辨認來人或問清來人是誰、來找誰、有甚麼事，千萬不能先開門再問詢。

★ 如果有人以推銷員、修理工等身份請求開門，一律要謝絕，請他離開。

★ 無論來人是否説認識你的家人，只要你不認識來人，不管他有甚麼理由，都不要告訴他任何事情，更不可讓他進來。

★ 在交談中，可用「爸爸正在睡覺」或是「爸爸到樓下買菜」等答話暗示、嚇退陌生人。

★ 若來人糾纏不休，可以聲稱要打電話給父母、警察，或者到陽台、窗口高聲呼喊，向鄰居、行人求救，從而嚇走他，也可以給父母、鄰居或大廈管理員打電話求助。

★ 一旦不小心被壞人騙，放他進了門，可以告訴他爸爸、媽媽馬上就會回來，也可以趁門還沒有關好快速跑出去，然後找人幫忙。千萬不要和壞人發生爭執，不要激怒他，要找時機逃脫並報警。

16. 陌生人來電話時

電話不僅是我們的信使，也常被壞人當成犯罪工具。作為家裏的小主人，你可要提高警惕，和陌生人通話，一定要守住家庭機密。

安全守則

★ 獨自在家接到陌生人的電話，首先要問清來電話的人是誰，有甚麼事。

★ 要保持警惕，最好不要讓對方知道只有你一人在家。

★ 不要隨意與陌生人交談。如果是騷擾電話，趕緊掛掉。

★ 接到某些推銷產品或進行市場調查的電話，可以説自己「不清楚」或「沒時間」，然後禮貌地掛掉。

★ 交談中不能把自己的家庭住址和人口情況等隱私內容泄露給陌生人，也不能盲目地按照陌生人的要求去辦事。

★ 如果來電人要爸爸、媽媽的電話號碼，不要告訴他，可請他留下姓名、電話號碼並告知來電目的。

★ 交談中必須警惕。如果來電人説爸爸或媽媽發生了意外，需要你去某醫院送錢或物品，千萬不要輕易聽信，可以打電話給爸爸、媽媽核實情況。

知道多一點

電訊詐騙

電訊詐騙無處不在，無孔不入。有些手段十分隱蔽，難以分辨，且五花八門，不斷翻新。我們要了解常見的兩大詐騙門類，以不變應萬變。

● 冒充公務人員進行詐騙

這種詐騙犯打電話冒充警察，稱有一起所謂的「重大刑事案件」需要協助調查，要求你説出自己的身份證號、銀行卡號、存摺密碼及其他相關信息，並要你將資金轉移到指定「安全賬戶」內。如遇到類似情況，告訴他有問題就讓警察來找自己。

● 虛假中獎、欠費、退費類詐騙

「我是 ×× 公司工作人員，恭喜你的手機（或電話號碼）在 ×× 抽獎中了 × 等獎，獎品是汽車一部……」「由於您的有線電視欠費，我們將在兩小時後停止服務。如有疑問，請按……」「您好，這裏是電訊客戶服務熱線。由於我們的工作失誤，您的電話費這幾個月共多收了 ×× 元，如確認退費請按……」這類電話迷惑性很大，假如你按照語音提示操作，就會一步步栽進不法之徒設好的圈套。其實，只要認真查看一下來電號碼，就可識破此類騙局。

17. 在浴室洗澡時

洗澡不僅可以清潔肌膚，防止細菌傳播，還能緩解身體疲勞。洗澡是件很愜意的事情，但若不小心，也會發生意外。

安全守則

★ 小朋友洗澡時必須有大人在家，千萬不能獨自到浴室洗澡，更不能把浴室門反鎖起來，以免發生意外。

★ 使用電熱水器洗澡前要關閉電源；使用燃氣熱水器要注意通風，謹防煤氣中毒；洗澡時間不宜過長，以防頭暈、體力不支。

★ 浴室地面濕滑，不要蹦跳、玩耍，儘量穿防滑拖鞋，以免摔傷；在浴缸裏洗澡，進入時一定要小心，以防滑入水中被淹到或嗆到；也不要在浴缸中玩潛水閉氣的遊戲。

★ 洗澡的水温要適度，過熱會燙傷皮膚，過冷會引發感冒。

洗澡時如果感到頭暈，要立即離開浴室，喝杯温開水，躺下放鬆。

18. 在陽台上時

陽台是樓房住戶呼吸新鮮空氣、觀賞景物的好地方，但這方寸之地，也埋藏着不小的安全隱患。

安全守則

★ 不能爬陽台，更不能從一處陽台翻越到另一處陽台。

★ 不要在未封閉的陽台上玩耍，也不要踩踏陽台上的凳子、紙箱、花盆等不穩固的物體。

★ 站在陽台向遠處眺望時，千萬不要將身體過多探出護欄，也不要伸手去抓陽台外面的東西，以免身體失控摔下樓。

★ 在陽台上取曬在衣架上的衣物時，不能將身子探出護欄，應該用衣鈎將衣物鈎到可以拿到的地方再取回。

★ 不要在陽台上玩耍打鬧、追逐或者吹泡泡、放風箏等。

★ 不要從陽台上往樓下扔東西，這樣不僅會破壞環境衛生，還可能砸傷樓下的行人，遭到檢控。

給家長的話

經常有孩子從陽台墜落或者卡在陽台防盜窗上。為了孩子的人身安全，建議家長經常檢查、維修自家陽台護欄，以防其老舊鬆動；陽台欄杆最好不要設計成橫向的，以防孩子攀爬發生危險；陽台地面不要堆放雜物或擺放可供攀爬之物，如凳子、梳化、牀、矮櫃等，千萬不能給小孩留「墊腳石」，以免其攀爬致墜樓。如果有條件，建議將平開窗改成內倒窗或裝上防護網，這種窗子不容易翻越，比較安全。

知道多一點

陽台種菜

陽台是一個自由的空間，有充足的採光和良好的通風條件，為都市家庭提供了天然的種菜園地。陽台種菜能綠化生活空間，還能讓孩子增長見識。

適合種在陽台的蔬菜菜單：

★ 易於栽種類：苦瓜、胡蘿蔔、薑、葱、生菜、小白菜；

★ 短週期速生類：小油菜、青蒜、芽苗菜、芥菜、油麥菜；

★ 節省空間類：胡蘿蔔、蘿蔔、萵苣、葱、薑、香菜；

★ 不易生蟲類：葱、韭菜、蘆薈。

19. 接觸貓、狗時

貓、狗等動物是人類的朋友，但牠們的毛髮、皮屑、唾液、糞便等很容易形成傳染源，使人感染上皮膚病、過敏性疾病以及各種寄生蟲病。因此我們要注意與牠們保持適當的距離。

安全守則

★ 儘量不要給野生動物或流浪貓、狗餵食，以免遭到攻擊。

★ 不要與貓、狗或其他寵物同睡。

★ 不要隨意招惹和挑逗貓、狗，尤其是在牠們情緒不好的時候，不要做出激怒牠們的行為。

★ 在貓或狗哺乳、睡覺、吃東西時，要避免對牠們做出撫慰、逗弄等肢體接觸行為，即使這是出於善意，也會使牠們感覺受到威脅，從而發起攻擊。

★ 不要對着貓、狗大吼大叫嚇唬牠們，以免牠們一反溫馴的常態，撲咬到你。

★ 被狗追趕時，不要和牠的目光直接接觸；千萬不要急於後退或轉身就跑，以免狗誤以為你在挑釁。

緊急自救

一旦不幸被貓或狗咬傷、抓傷，一定要在最短的時間內用清水或肥皂水清洗傷口，把含病毒的唾液、血水沖掉；然後對咬傷部位進行擠血處理，儘量全部擠出，以防病菌感染；再用酒精或碘酒仔細擦洗傷口內外，徹底進行消毒；包紮好傷口再去醫院做進一步處理。記住，一定要在 24 小時內注射狂犬疫苗。

特別提示

動物發情易傷人

春季是許多動物的發情期，這時候動物們往往會一反溫馴的常態，脾氣變得暴躁，容易攻擊人。這期間，千萬不要去招惹牠們，以免被牠們無心抓傷、咬傷。即使是自家的貓、狗，也要小心提防。

知道多一點

可怕的狂犬病

狂犬病是由狂犬病毒引發的一種急性傳染病，人、獸都可以感染。狂犬病毒主要通過唾液傳播，多見於狗、狼、貓等食肉動物體內。狂犬病發展速度很快。它是世界上病死率最高的疾病之一，一旦發病，死亡率幾乎為 100%。所以被咬傷後，要即刻打狂犬疫苗。

可感染狂犬病的動物

敏感類——哺乳類動物最敏感。在自然界中，得過狂犬病的動物有家犬、野犬、貓、豺狼、狐狸、獾、豬、牛、羊、馬、駱駝、熊、鹿、象、野兔、松鼠、鼬鼠、蝙蝠等。

不敏感類——禽類不敏感。雞、鴨、鵝等也可以染上狂犬病，但疾病的發展速度較慢。

可抵抗類——冷血動物如魚、蛙、龜等，可以抵抗狂犬病毒的感染。

20. 餵養烏龜或與烏龜玩耍時

比起小貓、小狗來，小烏龜不蹦跳，只會慢慢爬行，顯得很乖順。但可別被牠安靜的外表欺騙了，牠也是有脾氣的。

安全守則

★ 不要在烏龜覓食時去招惹牠。

★ 不要直接用手去挑逗烏龜，可以借用樹枝、小木棍等東西，以保護自己的手指不被咬傷。

★ 給烏龜餵食時，最好用鑷子把食物夾住，慢慢遞到烏龜鼻子前，儘量把牠餵飽，這樣牠就不會咬人了。

緊急自救

- 如果被有毒的烏龜咬傷了且傷勢嚴重，要立刻就醫，儘快注射破傷風疫苗。
- 如果被無毒的烏龜咬傷且傷勢不嚴重，一般消一下毒即可。

21. 使用殺蟲劑時

殺蟲劑是很多家庭對付蚊蟲、蟑螂、螞蟻等的利器，但如果使用不當，它在殺滅蚊蟲的同時，也會危害人體健康。

安全守則

★ 使用殺蟲劑要慎重，儘量少用，可用可不用時儘量不用。

★ 使用殺蟲劑前要關緊門窗，把房內所有的食品都放進櫃子裏，人和寵物也要離開房間，以免被噴到；噴完殺蟲劑後要適時給房間通風，消除異味。

★ 使用噴霧殺蟲劑時，要注意噴口的方向，不要對着人噴射。如果不慎將藥液噴灑到皮膚上，要及時清洗。

★ 殺蟲劑屬於易燃品，應遠離火源，不要放在高温曝曬的地方，要儘量放在陰涼通風處，以免發生意外。

22. 使用蚊香時

夏天到，蚊子叫，沒有蚊香怎麼辦？蚊香能趕跑蚊子，可是使用不當，也會傷人。

安全守則

★ 點燃的蚊香要放在固定的金屬架上，不能放在容易燃燒的物體上，也不能放在窗台或不穩固的物體上，以免被風吹落或倒落在容易燃燒的物體上。

★ 點燃的蚊香要遠離蚊帳、窗簾、被單、衣服等可燃物，應與家俱、牀鋪保持一定的距離，以免引起火災。

★ 同時使用搖頭電風扇時，應防止衣物等可燃物被風吹落到蚊香上。

★ 不需要蚊香時，應該立即將它熄滅。

特別提示

蚊香不是殺蚊，而是驅蚊

很多人使用蚊香滅蚊時，認為將房門緊閉點上蚊香才能徹底殺死蚊蟲，其實這樣做是不科學的。燃燒蚊香釋放的氣體對人體健康是有害的。使用蚊香等滅蚊產品時將房門緊閉，會把有害氣體長時間留在室內，從而對身體造成損害。

蚊香不是「殺」蚊，而是「驅」蚊。因此，使用時要把蚊香點燃後放在通風的地方，如房門口、窗台前，點燃後人最好離開房間。人再進入室內，一定要先打開門窗通風。

知道多一點

另類驅蚊法

- 吃大蒜：吃大蒜可有效驅蚊，因為蚊子不喜歡人體分泌出來的大蒜味道。
- 巧穿衣：如果穿黑色或褐色等深色衣服，被蚊子叮咬的概率會大些，穿白色或綠色等淺色衣服則會很少挨蚊子咬。
- 巧用清涼油、風油精：在臥室內放幾盒揭開蓋的清涼油或風油精，可驅除蚊蟲。
- 花香驅蚊：黃昏前，在室內擺放一兩盆盛開的茉莉花、米蘭或玫瑰等，蚊子受不了這些花的香氣，就會逃避。
- 光線驅蚊：蚊子害怕橘紅色的光線，所以室內安裝橘紅色燈泡，能產生很好的驅蚊效果。
- 味道驅蚊：將陰乾的艾葉點燃後放在室內，其煙味可驅蚊；燃燒曬乾後的殘茶葉，也可驅蚊。

23. 食物嗆入氣管時

我們常說學習時一心不能二用，其實這條規矩也適用於吃東西時。

吃東西時嬉笑、哭鬧或講話，口含食物時跌倒，食物都容易嗆進氣管，引起嗆咳或氣道阻塞，甚至窒息。所以，吃東西須專心、細嚼慢嚥，謹防食物嗆入氣管。

緊急自救

- 如果不慎將一些小異物如米粒嗆入氣管，可迅速閉上嘴巴，並用力用鼻子呼氣，將米粒噴出來；也可低下頭用力咳嗽，讓人幫忙拍擊背部，異物或可隨氣流排出。
- 如果是瓜子、花生、蘋果等較大的異物嗆入氣管，且出現激烈的嗆咳、氣喘等症狀，應請人從背後抱緊你，一手握成拳頭，大拇指伸直頂住你的上腹部，另一隻手掌壓在此拳頭上，然後雙臂用力作向上和向內的緊壓、緊縮動作，有節奏地一緊一鬆，提升腹部壓強，迫使異物衝出。
- 周圍沒有人時，可用椅背等物體頂住上腹部，通過由此產生的衝力將異物排出。
- 如果上述措施不見效，異物無法取出，就要立刻去醫院接受檢查。

知道多一點

細嚼慢嚥的十大益處

❶ 為腸胃撐起保護傘。這種進食方式便於消化吸收並減輕胃腸負擔。

❷ 有助於營養吸收。實驗發現，兩個人同吃一種食物，細嚼的人會比粗嚼的人多吸收 13% 的蛋白質、12% 的脂肪、43% 的纖維素。

❸ 減少致癌物質的攝入。細嚼時口腔可分泌更多的唾液，而唾液能有效殺死食物中的致癌物質。

❹ 有效控制體重。細嚼慢嚥能延長用餐時間，刺激飽腹神經中樞，反饋給大腦「我已經飽了」的信號，讓人較早出現飽腹感而停止進食。

❺ 提高大腦思維能力。細嚼慢嚥時，大腦皮層的血液循環量會增加，從而激發腦神經的活動，可有效提高腦力。

❻ 保護牙牀和牙齦。細嚼、多嚼可以鍛煉下顎力量，促進牙牀健康。

❼ 清潔口腔防細菌。咀嚼時分泌的唾液含有溶菌酶和其他抗菌因子，可以有效阻止細菌停留和繁殖。

❽ 有利於控制血糖。進餐後 30 分鐘胰島素分泌達到高峰，糖尿病患者如果進食過快，胰島素會跟不上，葡萄糖迅速進入血液循環，造成血糖升高。

❾ 減少皺紋，延緩衰老。咀嚼會鍛煉嘴巴周圍的肌肉羣，令臉部肌肉更緊緻。

❿ 緩解緊張、焦慮情緒。吃飯時細嚼慢嚥，集中注意力，可以讓味蕾充分享受每一種味道，心情愉悅。

24. 異物進入眼睛時

眼睛是人體的重要器官。俗話説，「眼裏不揉沙子」，異物飛入眼睛可一定要小心處理。

緊急自救

異物入眼後，切勿用手揉搓眼睛，以免擦傷角膜，甚至將異物嵌入角膜內，加重損傷，也要避免因手髒將細菌帶入眼內，引起發炎。正確的處理方法是：

- 如果是普通異物入眼，可閉眼休息片刻，待眼淚大量分泌，再睜開眼睛眨動，或者輕提上眼皮，使異物隨眼淚流出來。

- 如果淚水不能將異物沖出，可準備一盆清潔乾淨的水，輕輕閉上雙眼，將面部浸入臉盆中，雙眼在水中眨幾下，這樣會把眼內異物沖出；也可請人將眼皮撐開，用注射器吸滿冷開水或生理鹽水沖洗眼睛。
- 如果各種沖洗法都不能把異物沖出，可請人或自己翻開眼皮，用棉棒或乾淨的手帕蘸水輕輕將異物擦掉。
- 如果上述方法都無效，可能是異物已經陷入了眼組織內，應立即就醫。
- 如果是化學物品，如燒鹼、硫酸等入眼，須在第一時間找到水源，迅速沖洗，儘量沖洗乾淨，然後及時就醫。
- 異物取出後，可適當滴入一些眼藥水或塗一點兒眼藥膏，以防感染。

特別提示

生石灰入眼不可用水沖洗

生石灰進入眼睛後，絕對不可以用水沖洗，因為生石灰遇水會生成腐蝕性更強的熟石灰，同時產生大量熱量，加重對眼睛的傷害。正確的處理方法是，用棉棒將生石灰粉蘸出，儘量蘸乾淨，然後用清水沖洗眼睛，再去就醫。

安全童謠

愛眼護眼歌謠

愛護眼睛要自覺，勿用髒手亂揉摸；看書寫字坐端正，眼睛離書一尺遙；

乘車走臥不看書，陽光直射不得了；用眼時間要控制，眼保健操要做好；

飲食營養要均衡，充足睡眠不可少；養成用眼好習慣，生活才會更美好。

25. 異物進入耳朵時

俗話說，「眼觀六路，耳聽八方」，耳朵似乎比眼睛還要神通廣大。耳朵是人體的重要器官，保護不好就會影響聽力，甚至造成耳聾。

緊急自救

一旦感覺耳內有異物，不要慌張急躁，更不能硬掏硬挖，以免損傷耳道，最好及時到醫院由醫生幫助處理。如果確認自己能夠取出，可以根據異物的性質、大小和位置採取相應的處理辦法。但若自行操作，需要在大人的協助下進行。

- 水進入耳朵：可單腳跳動幾次或把棉花棒輕輕探入耳中，將水分慢慢吸乾。

- 豆子進入耳朵：黃豆、花生米等遇水後會膨脹，因此不可用水清洗，可先往耳道內滴入濃度為 95% 的酒精，使它們脫水縮小，再用鑷子取出。
- 珠子、玻璃球進入耳朵：可用特製的器械取出，不能用鑷子，以防將異物推向深處。
- 蚊蟲進入耳朵：可向耳道內滴入幾滴香油、植物油或濃度為 70% 的酒精，淹死或殺死蚊蟲，再行取出；也可用燈光照射外耳道，或者吹入香煙的煙霧，將蚊蟲引出來。
- 泥塊進入耳朵：可用溫開水或溫生理鹽水沖洗，也可用挖耳勺、小匙小心挖出。
- 扁形和棒形物進入耳朵：可用耳鑷夾出。

若採用上述方法後仍不能將異物取出，應儘快就醫。

特別提示

耳朵不能隨便掏

耳垢，俗稱耳屎，其實是人耳道中的正常分泌物，具有清潔、保護和潤滑耳道的作用。一般在咀嚼、跑跳時耳垢會自行脫落，平常不需要清理。如果隨便掏挖，反而會使耳道內堆積黴菌；如果不知深淺，掏挖力度不當，極易刺破薄薄的外耳道皮膚和毛囊，引發中耳炎。此外，自己掏耳朵還可能將耳垢推進耳道深處，耳垢更不容易排出。

安全童謠

愛耳護耳歌謠

耳朵皮膚很嬌嫩，不能隨便掏與挖；遇到突發巨聲響，捂住耳朵張大嘴；
洗澡游泳要特護，防止流水入耳朵；遠離噪音和大聲，以免耳膜受損傷；
切忌濫用青黴素，中毒耳聾難康復；用耳不當耳失聰，愛耳護耳要記牢。

26. 鼻子出血時

鼻子是負責人體嗅覺和呼吸的重要器官。保護鼻子事關生命品質，馬虎不得。

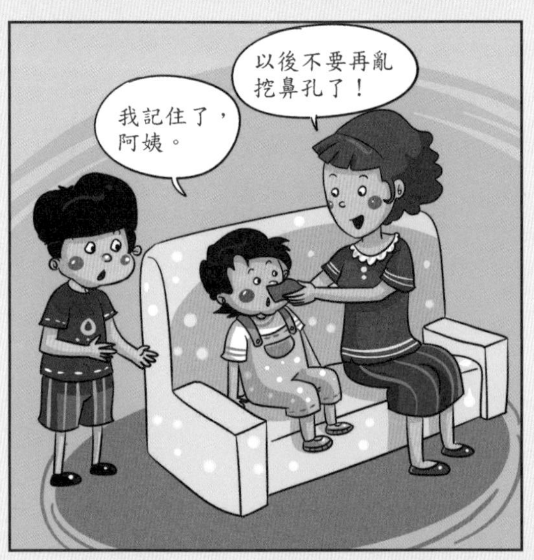

緊急自救

- 鼻子出血時，不要緊張。精神緊張會促使腎上腺素分泌過多，使血壓升高，進一步加劇出血。
- 流鼻血時可嘗試自行止血。全身放鬆，頭部前傾，使已經流出的血液向鼻孔外流出，然後把鼻子輕輕捏緊，壓迫止血，幾分鐘後，一般性的流血就會暫時止住。
- 鼻子出血時也可用毛巾包裹冰塊，輕輕敷在鼻子上幾分鐘，使鼻部血管收縮以止血。

- 當鼻子暫時止血後，要及時往鼻孔裏塞入紗布、衞生棉球等，並用食指和拇指按壓鼻翼上方幾分鐘，直至徹底止血。
- 如果血流不止，自行處理無效，就要立刻就醫。
- 鼻血止住後，切記不要挖鼻孔，以防脆弱的鼻腔血管再次破裂。

特別提示

止鼻血時頭不宜後仰

很多人流鼻血時都將頭向後仰，鼻孔朝上，認為這樣做可有效止血，其實這種做法是錯誤的。這樣做只是看不見血向外流，實際上血是在繼續向內流。如果頭向後仰，血液可能沿咽後壁流入咽喉部，咽喉部的血液會被吞嚥入食道及胃腸，刺激胃腸黏膜，產生不適感或發生嘔吐；出血量大時，血液還容易被吸入氣管及肺部，堵住呼吸氣流，造成危險。

知道多一點

如何正確擤鼻涕

很多人擤鼻涕的時候耳朵會嗡嗡響，有時甚至會感覺疼痛，這都是擤鼻涕的方法不當引起的不良後果。

擤鼻涕時最好不要直接用手，而是用柔軟的紙巾或手帕置於鼻翼上，先用手壓住一側鼻孔，稍用力向外呼氣，對側鼻孔的鼻涕即可擤出。一側擤出再擤另一側。不要同時擤兩側，那樣容易增加鼻腔氣壓，加重鼻子的負擔；也不要過於用力，以免將鼻涕擠入鼻竇引發鼻竇炎，或將鼻涕擠入咽鼓管引發中耳炎。

27. 異物扎進身體時

生活中有很多危險的「刺」客。如果不小心，魚刺、木刺、涼蓆刺等可能會刺傷我們的皮膚，鐵絲、剪刀、碎玻璃、鉛筆等可能會扎進我們的身體。我們一定要保護好自己，謹防被刺。

緊急自救

皮膚扎到刺時

- 如果是肉眼看得見的小刺，可以請人協助用消毒後的鑷子取出，或者用消毒過的針挑出。
- 如果是扎得很深的木刺或竹刺，可在拔刺前在扎刺四周的皮膚上塗抹一層紅花油、風油精或植物油，使之滲入皮膚，令刺軟化，然後再用消毒過的鑷子或者針把刺取出。
- 如果扎的是鐵刺，可用消毒過的針挑開被刺部位的皮膚，然後用一塊乾淨的磁鐵將鐵刺吸出。

- 如果扎的是仙人掌或玫瑰等植物的軟刺，可將醫用橡皮膏貼在創口處，然後將其撕下，也許刺會被帶出來。

如果上述方法都不奏效，就要去就醫。

較硬的異物扎進身體時

如果不慎被鐵絲、鋼筋、剪刀、玻璃片、筆、木棍、樹枝等較硬的異物扎入身體，要及時就醫。就醫前不要拔出受傷處的異物，儘量保持異物原位不動。必要時，可在傷口兩側墊上乾淨的紗布或布墊、棉墊等，然後用繃帶包紮固定。

知道多一點

金屬異物在體內未取出的七大危害

體內殘留金屬異物不是小問題，我們一定要予以重視。體內殘留金屬異物可引起人體諸多反應，具體危害有：

❶ 危及生命。心臟外傷後殘留金屬異物，不僅可引起致命性大出血或心臟壓塞，而且異物位置易於變動，會產生不可預料的後果。

❷ 感染。有菌的金屬可將細菌帶入體內，由於金屬異物周圍組織失活，抵抗力降低，加上壞死組織的液化，為細菌提供了良好的生存環境，細菌因而存活、繁殖，進一步引起感染。

❸ 功能障礙。顱腦、脊髓裏的金屬異物可以壓迫不同功能區域而引起相應的功能降低或喪失，關節內的異物可以使受累關節的功能發生障礙。

❹ 過敏、排斥反應。骨科無菌手術內植物植入人體後可以引起紅、腫、癢等輕重不一的不適反應。

❺ 金屬中毒。鎳鈦合金是骨科早期較常見的內植物，植入人體後，鼻咽黏膜、腎臟、肝臟、脾臟和總體的鎳含量變化均表現出隨時間延長而升高的特點。鎳與鼻咽癌的關係已為許多研究證實，種植於硬膜下的銅、鉛，特別是銅，可造成脊髓背角軸突和髓鞘的破壞。

❻ 移動、栓塞。金屬異物進入大血管、空腔器官如氣管、食管、尿道，可以隨着管道遊走，最後栓塞相應的器官，導致呼吸困難、咯血、尿血、尿瀦留等症狀。

❼ 心理障礙。金屬異物滯留在體內會造成患者不同程度的精神壓力，尤其在天氣變化時，患者會感覺到不同程度的酸痛。

28. 被燙傷時

生活中被燙傷的事件屢見不鮮。被燙傷後人不僅很痛苦，有時身體還會留下疤痕，那可就不好看了。所以一定要時時提防，小心被燙。

安全守則

★ 在用保溫壺和水杯盛水、倒水或盛取湯鍋裏的熱湯時，要當心被熱的湯水或水蒸汽燙傷。

★ 在冬季生煤爐取暖時，要遠離火源，小心被燙傷。

★ 要遠離熱的電熨斗，更不要觸碰熱熨斗的金屬面，以免被燙傷。

★ 使用暖氣取暖時，要遠離燒得很熱的暖氣片，以免被燙傷。

★ 在洗澡時，一定要試好水温再入水或沖洗，以防水温過高被燙傷。

★ 在使用暖水袋時，一定要把蓋子擰緊，防止水流出來被燙傷；同時水温不要太熱，接觸時間不要太長，以免被低温燙傷。

★ 在內地放鞭炮時，要遠離鞭炮，小心被火燙傷。

★ 不要跟在摩托車排氣管後面，以免被熱氣灼傷或者被排氣管燙傷。

★ 要遠離硫酸、鹽酸、生石灰等，避免化學燒傷。

緊急自救

- 皮膚燙傷後，不要驚慌，也不要急於脱掉貼身的衣服。應立即用乾淨的冷水沖洗，或者冷敷，冷卻後再小心脱去衣服，以免撕破燙傷後形成的水泡。
- 如果燙傷表面起了水泡，一般不要把它弄破，以免感染留下疤痕；但如果水泡較大，或處在關節等容易破損的地方，可用消毒針把它扎破，再用消毒棉棒擦乾水泡周圍流出的液體。
- 對燙傷皮膚進行冷卻處理後，要把創面擦乾，然後視燙傷程度，塗抹一些專用燙傷藥膏並用乾淨的紗布包紮，保護好不要碰水。
- 出現大面積或嚴重燙傷，須立即就醫。

知道多一點

低温也會燙傷人

不是只有開水才會燙傷人，皮膚比我們想像的要嬌貴，接觸 70℃的温度持續一分鐘，可能就會被燙傷；接觸近 60℃的温度持續 5 分鐘以上，也有可能造成燙傷。這種低於燒傷温度的刺激導致的燙傷，都屬於「低温燙傷」。由於短時間內皮膚無法快速做出反應，所以很多人不知不覺就被燙傷了。

為防止低温燙傷，用暖水袋取暖時，水温不要太熱，裝七成左右的水即可；使用時間也不要太長，最好不要抱着暖水袋睡覺。

1. 在教室時

教室是同學們停留時間最長的校園場所，因為學生集中，存在的各類安全隱患也特別多。

安全守則

★ 不要亂動教室裏的電器，使用電器或者打掃教室衛生時要遠離電源，以防觸電。

★ 不要在教室中追逐、打鬧、做運動和遊戲，以防磕碰受傷。

★ 不要玩教學用品。

★ 不要拿教室裏的清潔工具打鬧，不要在教室裏玩彈弓、玩具刀槍等危險的玩具，以防傷及自己或他人。

★ 教室地板比較光滑時，要注意防止滑倒受傷。

★ 需要站到高處打掃衛生、取放物品時，要請他人加以保護，以防摔傷。

★ 不要將身體探出陽台或者窗外，更不要攀爬護欄，以防不慎墜樓。

★ 要小心開關教室的門和窗戶，以免夾手。

★ 不要帶打火機、火柴等危險物品進入教室，杜絕玩火等行為。

★ 要小心使用螺絲起子、刀和剪刀等鋒利、尖銳的工具，以及揿釘、大頭針等文具，用後應妥善存放，不能隨意放在桌椅上，以防傷及自己或他人。

特別提示

小心開關教室門

教室門是同學們進出教室的必經通道，門小人多，意外時有發生，開關門時一定要多加留意：

- 開門時要站在門的一側，以免與正進門的同學相撞。
- 關門時應注意門後是否有人，以免有人被誤傷。
- 推門時動作要輕，以免碰到門後的同學。
- 座位靠近門口的同學，在座位上遇到有人開、關門時，要及時收回手腳，以免被夾傷。

知道多一點

佈置教室應注重「五美」

❶ 空間美：教室內所有物品的放置應給人以對稱、有序的美感。

❷ 書畫美：教室牆壁上裝飾恰當的書畫作品和名人畫像，能使學生得到美的熏陶。

❸ 整潔美：教室應窗明几淨，陳設佈置要井然有序，蛛網、雜物等應及時清除。

❹ 語言美：教室裏的警句、格言等應富有哲理，朗朗上口，易被學生理解，忌用「不准」「罰」等令學生反感的字眼。

❺ 色彩美：教室內的整體色彩應儘量統一，注重柔和、協調。

2. 課間活動時

下課啦，快快活動活動，放鬆一下吧，同時別忘注意安全喲！

安全守則

★ 課間活動時應當儘量到室外呼吸新鮮空氣，舒展一下筋骨，但不要遠離教室，以免耽誤上課。

★ 課間很多人都出教室活動，門口一般會很擁擠，要小心避讓。

★ 活動的強度要適當，不要做劇烈運動，以保證有精力上下一節課。

★ 要及時上廁所，為集中精力聽好下一節課做好準備。

★ 不要在走廊內或人多的地方追跑打鬧或打球、踢球，不做危險的遊戲。

★ 上下樓梯時不要奔跑，以免踩空，也不要追逐打鬧。

★ 上下樓梯人多時儘量不要彎腰拾東西、繫鞋帶。

★ 上下樓梯時要和別人保持距離，避免衝撞，防止踩踏。

安全童謠

課間安全歌謠

下課鈴聲響，依次出課堂；走廊慢慢走，有序不爭搶；

樓梯靠右行，不鬧不推撞；運動要適量，上課精力旺。

知道多一點

踢毽子——有益身心的課間活動

踢毽子是一項全身運動，通過抬腿、跳躍、屈體、轉身等，使腳、腿、腰、頸、眼等身體各部分得到鍛煉，尤其是它的動作可以讓人體的關節得到橫向擺動，帶動了身體最為遲鈍的部位，從而大大提高了各個關節的柔韌度和身體的靈活性。踢毽子要求技術動作準確，使毽子在空中飛舞，不能落地，每種動作需在瞬間完成，這樣就會使人的大腦高度集中，從而排除雜念，使習毽者感到身心舒暢，活力無限。

踢毽子具有一定的娛樂性和藝術性。最具親和力的是大家圍攏在一起，你一腳我一腳，小小的毽子在人羣中上下飛舞，不但可以強身，還可以增進友誼。

3. 擦黑板時

課天天上，黑板就要天天擦。別看這事兒不大，講究可不少呢。

安全守則

粉筆末是一種對人體有害的物質，擦黑板時要注意防止粉塵進入眼睛或被吸入肺中。

★ 擦黑板時最好用手帕捂住口鼻，不要邊擦邊説笑，以防將粉塵吸入口鼻。

★ 不要拖拖拉拉，要抓緊時間把黑板擦完，以免長時間處於粉塵環境中。

★ 擦黑板前可以將黑板擦用水稍微浸濕一下，這樣可減少粉塵。

★ 站在凳子上擦黑板時，要請其他同學幫忙扶穩凳子，以免摔倒。

4. 擦玻璃時

門窗上的玻璃是房子的「眼睛」，蒙上灰塵就看不清了，還會遮擋光線。擦玻璃是個危險活兒，需要注意甚麼呢？

安全守則

★ 擦玻璃時不要站在疊起來的桌椅上面，以防摔倒。

★ 擦高處的玻璃時不要爬上窗台踮腳去擦，以免發生危險。

★ 需要站到凳子上時，要請同學協助扶穩凳子，以防摔倒。

★ 擦高樓玻璃時不要把身子探出窗外。

★ 對於高處或室外的玻璃，切不可為了乾淨強行去擦。最好使用專業的擦玻璃工具，既省力又安全。

5. 使用文具時

文具是我們學習的好夥伴，但有時也會成為「隱形殺手」。

安全守則

★ 要小心使用圓規、小刀等尖銳鋒利的文具並妥善放置，以免傷人傷己。

★ 最好不要購買散發香味的熒光筆、水彩筆和橡皮等，這些文具中所含的化學物質對人體有害。

★ 不要掰尺子玩，尺子折斷時易傷到人。

★ 不要和同學互相擠射塗改液，以免入眼；也不要把塗改液或修正帶滴或纏在皮膚上，以免引起過敏反應。

特別提示

香味文具須慎用

建議同學們最好不要購買、使用香味濃烈的文具，特別是那些無廠家標識的文具，其散發的刺鼻香味大都是用工業原料調製出來的。散發香味的文具大都含有甲醛等化學物質，雖說含量不是很高，但是長期接觸，會對人的神經系統和血液系統造成傷害。

使用剪刀要小心

- 千萬不要使用鋒利尖頭的剪刀，應該用鈍口圓頭的兒童專用剪刀，以免剪傷或戳傷自己。
- 使用剪刀時一定要集中注意力，眼睛看着剪刀，不能一邊説笑，一邊剪東西，以防戳傷手和眼睛。
- 手裏拿着剪刀時千萬不要亂晃亂動，以免碰傷其他人；也不要拿着剪刀四處奔跑，如果不慎跌倒，它很可能會傷害到你。
- 剪刀在不使用時，一定要放在安全的地方。如果放在插袋裏，剪刀頭應朝裏，以免傷人。

知道多一點

鉛筆雖無「鉛」，常防鉛中毒

鉛是一種廣泛分佈在我們周圍的重金屬，經常接觸鉛，會出現一系列的慢性中毒症狀，如頭痛、頭暈、貧血等。印刷品，尤其是彩色印刷品，是重要的鉛污染源，所以不要用報紙之類的紙張包東西吃，翻書以後要洗手。油漆也是一種鉛含量很高的物品，要小心身邊五顏六色的油漆製品，如鉛筆和彩色積木，一定不要啃咬鉛筆。有些食品的含鉛量也很高，如松花蛋、爆米花等，平時要少吃或不吃。另外，汽車排放的尾氣中也有大量的鉛。

6. 上體育課時

體育課是鍛煉身體、增強體質的重要課程，訓練內容是多種多樣的，因此安全注意事項也因訓練的內容及使用的器械不同而變得複雜。

安全守則

★ 上課前要做一些熱身運動，以防運動時關節、肌肉及韌帶扭傷或拉傷。

★ 上體育課要穿運動服和運動鞋，不要穿塑料底的鞋或皮鞋，課前要檢查鞋帶是否繫緊了。

★ 上衣、褲子口袋裏不要裝鑰匙、小刀等堅硬、尖銳鋒利的物品。

★ 不要佩戴胸針、耳環、髮夾，以及各種金屬或玻璃裝飾物。

★ 患有近視的同學，儘量不要戴眼鏡上體育課。如果必須戴，做動作時一定要小心謹慎；做墊上運動時，必須摘下眼鏡。

★ 學習新動作時，要認真聽老師講解動作要領，以免因動作不規範而受傷。

★ 劇烈運動後要做相應的放鬆運動，以免肌肉一直處於緊張狀態而出現不適。

★ 要留心並小心使用體育場上的各種器械，不要使用已經損壞的器械。

★ 不要隨意表演高難度動作，以免發生危險。

★ 患有疾病或者身體不適的同學不可進行劇烈的體育運動，處於生理期的女同學要避免大幅度或者震動大的跑跳運動，也不要進行增加腹壓的力量訓練。

★ 出現突發性疾病或意外時，要立刻向老師報告。

特別提示

各運動項目安全防護

● 短跑：要在自己的跑道上跑，不能跑去別人的跑道。特別是快到終點衝刺時，更要遵守規則，因為這時人身體產生的衝力很大，精力又集中在競技上，思想上毫無戒備，一旦相互絆倒，就可能傷得很重。

● 跳遠：必須嚴格按老師的指導助跑、起跳。起跳前，前腳要踏中起跳板；起跳後，雙腳要落入沙坑之中。

● 投擲訓練：如投擲鉛球、鐵餅、標槍等，一定要按老師的口令行動。這些體育器材有的堅硬沉重，有的前端有鋒利的金屬頭，如果擅自使用，就有可能傷及他人或者自己，甚至危及生命。

● 單、雙槓和跳高訓練：器材下面必須準備好厚度符合要求的墊子，如果直接跳到堅硬的地面上，會傷及腿部關節和後腦。做單、雙槓運動時，要採取各種有效的方法，使雙手提槓時不打滑，以免從槓上摔下來，使身體受傷。

● 跳馬、跳箱等跨越訓練：器材前方要有跳板，器材後方要有保護墊，同時要有老師和同學在器材旁站立保護。

7. 參加運動會時

同學們參加運動會時都會熱情高漲，但運動會的競賽項目多，運動強度大，參加人數多，一不留神就可能受傷。可不要把這個歡樂的日子變成悲傷的日子喲！

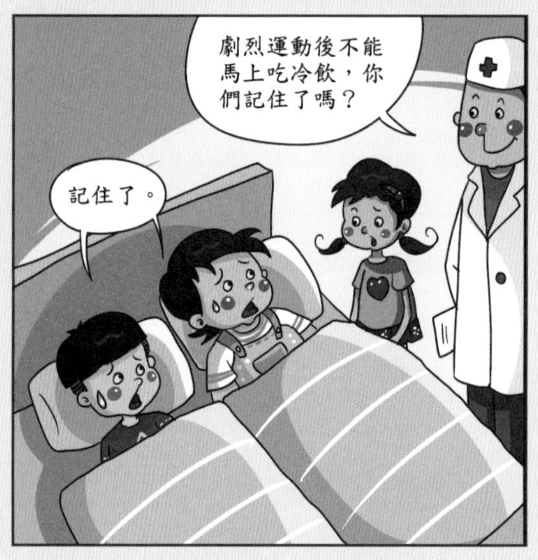

安全守則

★ 要遵守賽場紀律，服從調度指揮。

★ 沒有比賽項目時不要在賽場中穿行、玩耍，要在指定的地點觀看比賽，以免被投擲的鉛球、標槍等擊傷，也要避免與參加比賽的同學相撞。

★ 參加比賽前要做好準備活動，以使身體適應比賽。

★ 在等待比賽的時間裏，要注意身體保暖，適當添加外衣。

★ 臨賽前不可吃得過飽或者過多飲水，可以吃些朱古力，以增加熱量。

★ 比賽結束後，不要立即停下來休息，要堅持做好放鬆運動，例如慢跑等，使心跳逐漸恢復正常。

★ 劇烈運動後，不要馬上大量飲水、吃冷飲，也不要立即洗冷水澡。

8. 上視藝課時

視藝作品讓人賞心悅目，不過視藝課上也存在着很多安全隱患。

安全守則

- ★ 不要把彩色膠泥放入口中或用沾染彩色膠泥的手指去揉搓眼睛，以防中毒或傷害眼睛。
- ★ 不要把顏料塗抹到自己的皮膚上，也不要讓顏料進入眼睛，因為顏料中的化學成分對人體有害。
- ★ 要謹慎使用並妥善放置剪刀、裁紙刀、泥塑刀等尖銳鋒利的工具，不用的時候不要把它們拿出來隨便揮舞和玩耍，以免傷己傷人。
- ★ 一旦出現顏料入眼或者被劃傷等意外，要立刻報告老師，及時處理並就醫。

9. 上實驗課時

實驗課，也是動手課。不過你的手可不能亂動喲，否則會製造一大堆的麻煩。

安全守則

★ 要聽從老師的安排，嚴格按照程序做實驗。

★ 不要亂動實驗室裏擺放的物品，更不要私自把它們帶出實驗室。

★ 不要隨意觸摸和打開各種試劑，不要隨意混合和潑灑它們，也不要用舌頭舔嚐，以防中毒。

★ 使用酒精燈時，務必用燈蓋滅火，禁止對接點火。

★ 做生物實驗，如製作標本、解剖動物時，應注意不要被刀、剪刀等鋭利的工具割破或刺傷手指。

★ 實驗中的玻璃切片、標本等要用鑷子拿放。

★ 做完實驗要隨手關閉電源、水源、氣源，妥善處理殘存的實驗物品，及時清理易燃的紙屑等雜物，消除各種隱患，並洗淨雙手。

緊急自救

- 如果化學試劑不慎入眼，應立即用清水沖洗眼睛。
- 如果化學試劑濺到皮膚上，可先用毛巾擦拭，再用清水進行沖洗。
- 如果是強腐蝕性溶劑不慎入眼或濺到皮膚上，應告知老師做緊急處理。

知道多一點

消毒劑碘伏

碘伏是一種醫用消毒劑，被廣泛用於注射前皮膚消毒、手術前消毒、術後傷口消毒，以及醫療器械的消毒等。燒傷、凍傷、刀傷、擦傷、挫傷等一般外傷，用碘伏消毒效果很好。

與火酒相比，碘伏引起的刺激性疼痛較輕微，易於被病人接受，而且碘伏用途廣泛、效果確切，基本上可替代火酒、紅汞、碘酒、紫藥水等皮膚黏膜消毒劑。此外，低濃度碘伏是淡棕色溶液，不易污染衣物。

因為有以上種種優點，碘伏也逐步成為人們居家必備的藥物。

10. 上音樂課時

愛聽歌、愛唱歌的你一定喜歡上音樂課，也許你就是未來的歌星呢，那就先把音樂課上好吧！可上音樂課也是有規矩的。

安全守則

★ 要在老師的指導下正確使用喉嚨，不要亂喊亂叫，以免損傷聲帶。

★ 正處於變聲期的同學，要避免發高音，否則不利於變音，還會損傷喉嚨。

★ 不要亂動音樂教室裏的樂器，以防損壞樂器或者傷到自己。

★ 上完音樂課，如果喉嚨不舒服，應多喝些白開水，或者含些潤喉糖。

11. 吃東西時

俗話說，病從口入。在家裏，有爸爸、媽媽守護你的飲食安全；出了家門，你可要自己當心啦。

安全守則

★ 不要吃校園周邊無證小攤販出售的食品，因為這些食品沒有安全保證。

★ 不要吃商店和小賣部等出售的過期和三無包裝食品。

★ 在校園裏還要預防集體食物中毒，如果發現學校的食物味道可疑，身邊的同學進食後出現異常反應，應立即停止用餐並報告老師。

12. 身體不舒服時

人體就像一台機器，總有鬧毛病的時候。鬧毛病不可怕，怕的是毛病來了不知所措。感覺難受了，該怎麼辦呢？

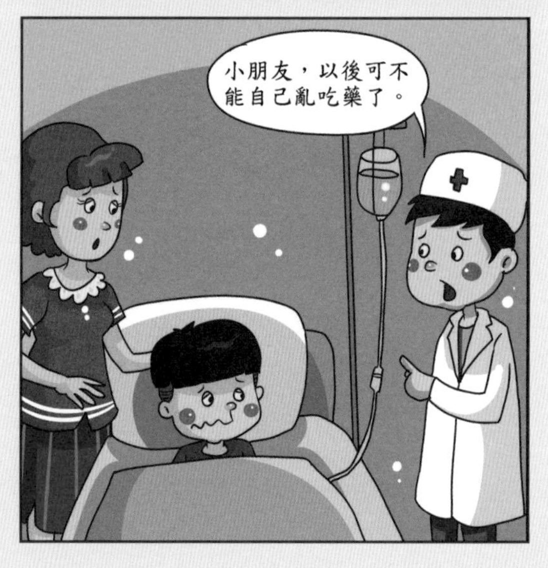

安全守則

★ 身體不舒服，要及時告訴老師或同學。病情輕微的，可以去學校醫務室查明原因並治療。

★ 病情嚴重時要通知家裏人，去醫院做全面的檢查和治療。

★ 不要因為怕耽誤功課或者不好意思而隱瞞病情或強忍不舒服。

★ 千萬不要自己隨意亂吃藥。

13. 同學得了傳染病時

傳染病像一陣風，一旦來了，會席捲一羣人。但是不要怕，我們有「防風」措施！

安全守則

★ 不要歧視患傳染病的同學，但病發期間要避免與其接觸，以免被傳染；接觸時要戴上口罩，與其保持距離。

★ 要避免接觸傳染病患者的唾液、嘔吐物、糞便、血液及傷口的分泌物，避免觸碰患者使用過的學習物品和生活用品，以防交叉感染。

★ 要聽從老師和家長的安排，做好消毒隔離工作，必要時應服用、注射預防傳染的藥物。

14. 和同學發生糾紛時

學校是同學們集體生活的場所，同學之間發生糾紛和衝突在所難免。對於糾紛，重要的是正確面對和處理，千萬不要讓小糾紛釀成大問題。

安全守則

★ 在校應該團結同學，不要為了小事情互相爭吵或拉幫結派；一旦發生矛盾，一定要冷靜，做錯事要勇於道歉，對別人的錯誤要學會寬容、諒解。

★ 如果發生矛盾而自己無法解決，應向老師求助。

★ 不要給同學起綽號，不打人，不罵人，不欺負弱小。

★ 發現同學鬥毆，不要圍觀，要遠離，以免被誤傷，更不能參與打架，應及時報告老師。

15. 交朋友時

好的朋友可以成就你的一生，壞的朋友則可能毀掉你的前程。交朋友一定要謹慎。

安全守則

★ 不要結交校內外的不良朋友，以免沾染不良習氣。

★ 一旦交上了不良朋友，應該警覺，及時停止交往。

★ 在校受了欺負要及時報告老師，不要請朋友幫忙出氣。

★ 一旦遇到朋友做壞事，要制止，勸阻不了要及時報告老師。

★ 在上學和放學的路上，不要隨便與陌生人交談，不能告訴陌生人自己的家庭住址、電話號碼等重要信息。

★ 不要隨便接受陌生人的禮物，或者搭乘陌生人的車子回家。

16. 和異性交往時

自然界中有紅花也有綠葉，人羣中有男性也有女性。和不同性別的人打交道，需要注意甚麼呢？

安全守則

★ 校園交往方式以集體交往為好，彼此和睦友愛相處。

★ 要把握和異性交往的尺度，交往要自然大方。

★ 一旦對異性產生好感，可以在生活中和學習上互相幫助，不宜有過分親密的行為或語言表達。

★ 要正確區分友誼和愛情，可以向信任的親人老師尋求建議。

特別提示

正確處理早戀

隨着身體的發育和社會的影響，少男少女在進入青春期後會產生朦朧的愛情意識，在這個時期接觸到比較喜歡的異性，就有可能發生早戀。早戀需要小心處理，處理不好，不僅影響學習和生活，身心還容易受到傷害，甚至釀成更大的苦果。

人生每個階段都有各自的使命。兒童階段應以學習文化知識為主，千萬不可操之過急、揠苗助長，讓情感的航船過早靠岸。

知道多一點

青春期變化

青春期是介於兒童期和成人期之間的過渡期。在兒童期，男孩和女孩的生長發育沒有多大的區別。但進入青春期後，男孩和女孩的身體就會發生微妙的變化。

青春期的變化主要表現在身體迅速生長、身體各部分的比例產生顯著變化、心理出現反抗傾向等方面，其中最為明顯的變化就是第二性徵的出現。第二性徵是人和其他一些高等脊椎動物在性成熟後出現的、除了生殖器官以外的一些能表明性別的特徵，比如聲音、身體曲線等。第二性徵的差異在青春期過後尤為明顯。男孩第二性徵的發育表現為長出鬍鬚、腋毛、陰毛等體毛，變聲，出現喉結，睾丸和陰莖變大，分泌精液以至出現遺精。女孩的第二性徵則表現為乳房發育，出現陰毛、腋毛等。

17. 遭遇性騷擾時

身體是自己的，任何人不得隨意觸碰，尤其是隱私部位。要提高自我保護意識，以免受到性騷擾和性侵害，尤其女同學更要注意。

安全守則

★ 要注意自己的着裝，不要向別人暴露自己的隱私部位。

★ 不要讓任何人觸摸自己的隱私部位，如女生的胸部、男女生的性器官等。

★ 碰到壞人侵犯你的身體時，不要害怕，一定要高聲呼救並反抗，並找機會逃脱。

★ 如果無法擺脱壞人，可以擊打對方的眼睛和下身，用口咬、用手抓對方的臉部，用鞋跟猛跺其腳背，或用書包、雨傘、鑰匙等隨身攜帶的物品自衛。

★ 一旦被侮辱，要盡力保存證據，記清對方的外貌特徵，留取對方留在自己身體和衣物上的證據，及時報警或告訴家長，以防自己再次受害或他人受害。

特別提示

這些行為屬於性騷擾

- 身體的接觸：不必要的接觸或撫摸他人的身體，故意觸碰，強行搭肩膀或手臂，故意緊貼他人等。
- 言語的冒犯：故意談論有關性的話題，把別人的衣着、外表和身材等與性聯繫起來討論，故意講色情笑話、故事等。
- 非言語的行為：故意吹口哨或發出親吻的聲音，身體或手的動作具有性暗示，用曖昧的眼光打量他人，展示與性有關的物件，如色情書刊、海報等。

給家長的話

多數兒童的性保護知識匱乏，不懂甚麼是隱私部位，所以遇到性侵犯時不能正確判斷，無法自我保護。家長大多談性色變，不知如何科學、正確地配合老師開展家庭性教育。希望家長能正確認識、正確看待不同年齡段孩子的性教育，要適度地向孩子普及性知識，引導孩子樹立正確、健康的性觀念。

在這裏尤其要提醒家長：雖然兒童性騷擾是一個較為隱蔽的社會問題，但是隨着社會的日益開放，這個問題應該受到重視。某心理工作室曾對 150 名女青年心理求詢者的早年經歷做過調查，發現其中近三分之一的人在童年至青春期早期曾受到不同形式和程度的性騷擾，這個比例出人意料也令人擔憂，因此家長們要高度重視這個問題，要善於做孩子們的知心朋友，教育孩子加強防範，遇到問題要及時告訴家長，以便及時解決，不留後患。

18. 遭遇校園暴力時

如果校園裏有一些人使用暴力欺壓別的同學，會使我們的身心受到傷害。遇到校園暴力時，你知道該怎麼應對嗎？

安全守則

★ 面對校園不良分子辱罵、威脅或挑釁時，千萬別獨自面對，要學會隨機應變，冷靜地想辦法脱身，然後告訴家長或老師。

★ 被校園不良分子敲詐勒索或者傷害後，不要默默忍受，要及時告訴家長或老師。

★ 如果力量單薄，要儘量避免與對方發生正面衝突，可先穩住對方或滿足對方的部分要求，以免受到嚴重傷害，事後要及時向老師和家長報告。

★ 千萬不要和對方「私了」，不要私下一個人和不良分子見面，以免受到長期糾纏或被傷害。

★ 在上學和放學時，最好和同學結伴而行，這樣遇到危險時可以互相幫助。

特別提示

向一切暴力說「不」

校園中有些老師也會對學生做出體罰等暴力行為。如果有老師向你施暴，不要因為他是老師而感到害怕，一定要及時告知學校或家長。

知道多一點

校園暴力產生的原因

- 個人原因：有些學生有衝動型人格障礙或以自我為中心，不善於處理人際關係，缺乏自控力，很容易產生暴力傾向。有些學生學業失敗，嫉妒比自己強的學生，遇到問題就用暴力來解決。
- 家庭原因：家庭關係不和諧，家長本身就有暴力行為，會給孩子樹立反面榜樣。
- 學校原因：學校無法照顧學生的個別差異，不當的體罰，個別老師對後進生的歧視等，可能讓學生的自尊心受到打擊，從而產生過激行為。
- 社會原因：流氓團夥的教唆、脅迫、利誘，大眾傳媒中某些不良誘導，違法經營的娛樂場所產生的負面影響等，都可能誘發學生的暴力傾向。

在商場裏

1. 乘坐自動扶梯時

當前自動扶梯已成為商場裏使用率最高的基礎服務設施。乘坐自動扶梯上下樓，既省時又省力。但近年來扶梯傷人事故不斷，如何乘坐扶梯才更加安全呢？

安全守則

★ 要繫緊鞋帶，留心鬆散的服飾（例如長裙、寬鬆褲子等），以防被梯級邊緣、梳齒板、圍裙板或內蓋板掛住。

★ 如扶手帶與梯級運行不同步，要注意隨時調整手的位置；踏入自動扶梯時，要注意雙腳離開梯級邊緣，站在梯級踏板黃色安全警示邊框內，並扶住扶手；不進入扶梯時，不要用手摸扶手帶。

★ 乘梯時應面朝運行方向，儘量站在梯級中間，身體不要倚靠扶梯側壁，腳須離開梯級邊緣，以免摔倒。

★ 不要把扶梯扶手帶當滑梯，不要攀爬自動扶梯，也不要在扶梯上嬉戲打鬧。

★ 乘梯時頭、手、身體等部位不能超出扶手帶，以防被擠傷、碰傷。

★ 不要坐在梯級踏板、扶手或欄杆上，以防失去平衡或將衣物、身體卡住。

★ 在上、下扶梯時，要穩步快速進入和離開，以免發生碰撞。

★ 不要乘坐發生故障或正在維修的扶梯。

緊急自救

- 在每台扶梯的上、下部都各有一個紅色的急停按鈕，一旦扶梯發生意外，要第一時間按下它緊急停止扶梯運行。如果無法第一時間按下急停按鈕，要用雙手緊抓扶手，然後把腳抬起，不要接觸到梯級，這樣人就會隨着扶梯的扶手帶移動，不會摔倒，但有一個前提是電梯上的人不能太多。
- 遇到擁擠踩踏事件時，要重點保護好自己的頭部和頸椎，可一手抱住頭部，一手護住後頸，身體蜷曲，不要亂跑。
- 遇到扶梯倒行時，要迅速轉身緊抓扶手，壓低身子保持穩定，並讓周圍的人與自己動作一致，等電梯運行到底部或頂部時，迅速跳離扶梯。
- 如果有物品被捲進扶梯夾縫，要立即放棄被夾物品，並且呼救；如果不小心在扶梯上摔倒，應該立刻十指相扣，保護好自己的後腦和頸部。

2. 乘坐觀光電梯時

很多大商場裏都建有觀光電梯，在電梯升降過程中，乘客在裏面可以欣賞到電梯外的美麗景色。在欣賞美景的同時，可別忽視安全問題喲！

安全守則

★ 電梯開門時，務必看一眼電梯地面再上，不要低頭看手機。

★ 關閉電梯門時，一定要確認手和腳都已處在安全區域。

★ 電梯門會定時、自動關閉，切勿在樓層與轎廂接縫處逗留，以免被夾傷。

★ 不要倚靠轎廂門。

★ 電梯有額定運載人數標準，當人員超載時，電梯內報警裝置會發出聲音提示，這時後進入的人應主動退出電梯。

★ 不要隨便亂按按鈕和亂撬轎廂門，以免發生危險。

★ 當電梯發生異常現象或故障時，可撥打轎廂內的報警電話尋求幫助或等待救援。

3. 通過旋轉門時

旋轉門外觀高檔、密封性好、通行能力強，一般有手動門和自動門兩種。雖然旋轉門通行起來很便利，但比起電梯似乎更易傷人。

安全守則

★ 進入旋轉門時一定要保持秩序，不能擁擠，同時要選擇進入的合適時機。在旋轉門快要過去的時候可以等下一扇門，千萬不能強擠進去。

★ 進入旋轉門後，要保持和旋轉門相近的速度行走，這樣才不容易被門推倒。

★ 在旋轉門行走時，不可觸摸旋轉門的門邊和門角，以防被夾傷。

★ 離開旋轉門時也要保持秩序，不可擁擠，更不能為了方便自己出去而試圖讓旋轉門停下。

★ 在經過旋轉門時一定要留意旁邊的警示標誌，以免誤撞玻璃或造成其他傷害。

4. 在商場走散時

百貨商場往往格局複雜，節假日顧客眾多。和爸爸、媽媽一起逛商場，一不留神就可能走散，怎麼辦？

安全守則

★ 假如和爸爸、媽媽走散了，不要慌張。可以站在原地等待，一般情況下爸爸、媽媽會回來找你。

★ 如果附近有電話或者帶着手機，可以打電話和爸爸、媽媽聯繫，告訴他們你所在的位置，不要再亂動。

★ 可以向警察、商場保安等人求助，或者請商場工作人員用廣播幫助尋找爸爸、媽媽。

★ 不要隨便跟陌生人搭話，也不要輕易跟陌生人走。

給家長的話

帶孩子逛商場，一定要寸步不離地看管孩子；萬一孩子走丟了，應迅速報警。建議家長提前在孩子口袋裏放一張自己的名片或者是自製的小卡片，上面寫上孩子和家長的姓名、單位、聯繫電話，以防萬一。

5. 逛超市時

超市作為公共場所，也存在很多安全隱患。我們在瀏覽、挑選琳瑯滿目的商品時，也要注意安全。

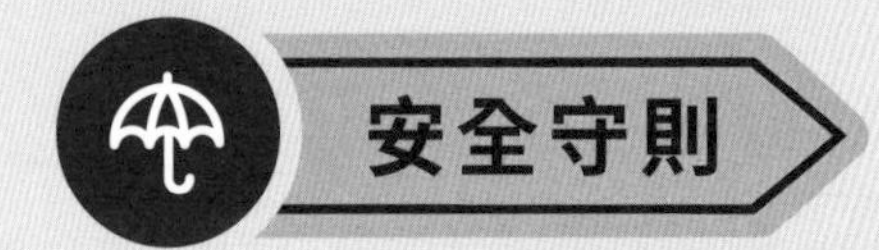

安全守則

★ 不要在超市裏奔跑打鬧，以免滑倒或撞到貨架及其他顧客。

★ 不要隨便抓碰高處貨架上的物品，以免東西不穩掉落到頭上或身上。

★ 不要觸碰玻璃器皿、瓷器等易碎物品，並儘量與其保持距離。

★ 有些為促銷而臨時搭建的貨架很不安全，一旦倒塌很容易傷到人，應儘量遠離。

★ 超市的部分推車存在各種各樣的問題，比如左右兩輪的高度不一致，方向輪轉動不靈活等，因此不要把超市推車當玩具並推着車橫衝直撞，以免傷到自己或他人。

★ 不要隨便拿超市的散裝食品吃。

★ 不要隨便跟陌生人搭話，也不要跟陌生人走。

知道多一點

商場購物小常識

為了保障自己的權益，讓你的購物舒心、安心，你該掌握下列購物小常識：

- 購物前要列出物品清單，備好所需錢款，免得遺漏。
- 為了環保，商場裏一般不免費提供塑膠袋盛放物品，所以在去商場之前要選擇容量足夠的購物袋備用。
- 進超市前要拿一個順手的購物籃或者推一輛購物車，便於選放所購物品。
- 商場客流量大，很多商品被大家擺亂了。選取商品時要看清商品及商品條碼，以免拿錯商品造成結賬時與自己所看價格不符。
- 選購商品時一定要看生產日期。超市會按照生產日期的早晚來擺放商品，但依然會有過期的現象。尤其是食品，要注意生產日期和保質期。
- 刷信用卡時要核對金額。結賬時要拿好小票，萬一出現問題，它就是憑證，可以拿它去服務台解決問題。
- 大部分商場都會在節假日進行促銷，某些商品大大低於平時的售價。另外，為了增加客流量，有些超市還會在非節假日推出一系列的特價活動。選擇在這些時候購物，不失為一種省錢的好辦法。但是請注意，購買打折的便宜貨時，一定要考慮清楚自己是否需要。如果只顧眼前的便宜造成大量「廢品」被積壓在家裏，可就不划算了。

給家長的話

在休息日，家長們經常會帶着孩子一起逛超市買東西。大超市裏物品繁多，人流穿梭，似乎是一派祥和的休閒場所，殊不知這裏隱患多多。家長們需要注意阻止孩子們的幾大危險活動：

一、奔跑

大型倉儲超市裏有四通八達的通道，孩子喜歡在這裏奔跑打鬧。這時家長必須提醒孩子小心，以免撞翻通道中央堆起來的貨物。這些貨堆稍有碰撞，商品就可能像多米諾骨牌一樣倒下來，令孩子受驚或受傷。

二、捉迷藏

兩三個熟識的大人在超市相遇聊天，孩子們則在貨架之間玩兒捉迷藏，不一會兒發現自己看不到小夥伴，也找不到父母了，於是大哭起來。要避免這種情況的出現，家長除教育孩子不要獨自活動外，更要幫孩子逐步建立起方位概念，記清商品區域位置並教導孩子萬一迷路如何求助於工作人員。

三、免費玩冰

孩子們喜歡踮起腳尖，在超市生鮮區的冰櫃前興高采烈地玩放在生鮮食品下面的冰塊，不小心受涼後容易出現咳嗽、流涕、肚子痛等症狀。出門前家長要給孩子披上薄外套，並教育孩子與冷櫃保持距離。超市裏的空氣不好，家長最好還是快快買完東西帶孩子回家，不宜久留。

四、免費品嚐

超市裏有些櫃枱有「先嚐後買」服務，家長不要為了佔小便宜而讓孩子將每種散裝食品都來一點嚐嚐。萬一孩子以為超市裏的散裝零食是可以隨便吃的，就容易產生誤解，也不衛生。

1. 乘地鐵時

地鐵在地下穿行，沒有紅綠燈，一路暢通，乘坐起來相當快捷，但前提是安全。

安全守則

★ 不要攜帶易燃、易爆等危險物品進入地鐵。有需要時，自覺接受安全檢查。

★ 在沒有月台幕門的站台，一定要站在安全線外候車，切勿在站台邊緣與安全線之間行走、坐卧、放置物品。

★ 出入站台或上、下車時，不要擁擠，要按秩序先下後上。

★ 上、下車時要小心列車與站台之間的空隙，小心月台幕門的玻璃，當月台幕門和車門開關提示聲響起時不要上、下車。

★ 在車門關閉過程中，一定不要扒門強行上、下車。

★ 在列車上站立時應緊握扶手，不要倚靠車門，否則可能因車門開關造成人身傷害，也可能使車門受力過大發生故障。

★ 不要在非緊急狀態下動用緊急或安全裝置。

★ 不要在站台和列車上追逐打鬧，以免發生危險。

★ 嚴禁跳下月台，進入軌道、隧道和其他有警示標誌的區域。

緊急自救

- 如發現有人或物品掉進軌道，應立即通知工作人員，不能擅自跳入，因為軌道有高壓電。如果不小心墜落後看到有列車駛來，最好立即緊貼非接觸軌側牆壁，以免列車剮到身體或衣物，切不可就地趴在兩條鐵軌之間的凹槽裏，因為地鐵列車和道牀之間沒有足夠的空間使人容身。
- 地鐵遇突發火災、停電等事故，有可能發生爆炸、踩踏等突發事件，這時千萬不要驚慌，要服從車站工作人員的統一指揮，安全逃生；如人多擁擠，走動時要靠邊、避開人流，遇險時身體儘量蹲下或坐下，雙手向上抱住頭部，胳膊肘向外張開，保護好頭頸、胸腹和四肢。
- 如果發生火災，應及時用毛巾、衣物等捂住口鼻，盡可能降低身體高度，貼近地面逃生；一旦身上着火，最好在地上打滾兒將火壓滅；要注意朝明亮處、迎着新鮮空氣跑。
- 如果列車在運行時停電，千萬不可扒門離開車廂進入隧道；即使全部停電了，列車上還可維持數十分鐘的應急通風。

2. 乘火車時

一般來說，乘坐火車出行相對安全，但也有例外。不怕一萬，就怕萬一，掌握一些安全守則有備無患。

安全守則

★ 在月台上候車，要站在月台一側安全線以內，以免被列車捲下月台，發生危險。

★ 不要攜帶易燃、易爆等危險品乘車。

★ 不要在車廂內亂跑亂竄，也不要在車門和車廂連接處逗留，以免發生夾傷、扭傷、卡傷等事故。

★ 列車行進中不要把頭、手、胳膊伸出車窗外，以免被沿線的信號設備等剮傷。

★ 不要向車窗外扔廢棄物，以免污染環境、砸傷鐵路工人或路邊行人。

- ★ 到茶爐間打開水或是在座位上喝開水時，都應特別小心，火車的晃動往往容易使杯中的熱水潑出，引起燙傷。
- ★ 在火車上吃東西要注意飲食衛生，不可吃得過飽，以免增加腸胃負擔，引起腸胃不適。
- ★ 不要吃陌生人給的食物，不要跟隨陌生人中途下車。
- ★ 火車每到 站中途休息時，如果到月台上活動或是購買食品，要注意列車的發車信號，不要跑得太遠而被丟下。

緊急自救

當火車發生火災事故時，不要盲目跳車，要在乘務人員的疏導下有序逃離。

當火車發生傾斜、搖動、側翻，遇險失事時：

- 如果座位不靠近門窗，應留在原位，抓住牢固的物體或者靠坐在座椅上，低下頭，下巴緊貼前胸，以防頭部受傷；若座位接近門窗，就應儘快離開原地，迅速抓住車內的牢固物體。
- 在通道上坐着或站着的人，應該面朝行車方向，兩手護住後腦部，屈身蹲下，以防衝撞和墜落物擊傷頭部；如果車內不擁擠，應該雙腳朝着行車方向，兩手護住後腦部，屈身躺在地上，用膝蓋護住腹部，用腳蹬住椅子或車壁，同時提防被人踩到。
- 在廁所裏，應背靠行車方向的車壁，坐到地上，雙手抱頭，屈肘抬膝，護住腹部。

知道多一點

火車禁運品及其常用標誌

輻射性物品

易燃性物品

易爆物品

放射性物品

有毒物品

強磁性物品

刀具

武器

有害液體

氧化物品

3. 乘巴士時

一些同學選擇乘巴士上學。乘巴士出行雖然減少了步行時可能發生的危險，但不注意也會發生擠傷、剮傷、摔傷等事故。該如何避免這些傷害呢？

★ 不要在馬路上等候車輛。

★ 要按秩序排隊，待車停穩後先下後上，不要爭搶，以免發生衝撞。

★ 不要攜帶易燃、易爆等危險品乘車，以免發生危險。

★ 乘車時要坐穩扶好，沒有座位站立時，應該握住扶手、欄杆或座椅站穩，以免緊急剎車時發生意外。

★ 乘車時不要和同學們嬉戲打鬧，這樣不僅影響他人，也很危險。

★ 不要把手、頭或胳膊伸出窗外，以免和對面來車或樹木發生剮蹭。

★ 不要亂動、玩耍巴士上的安全錘和消防器材，以免傷己傷人。

★ 不要向車窗外亂丟雜物，以免傷到他人。

★ 如果錯過了巴士，不要在後面追趕，要耐心等待下一輛。

★ 巴士進站時不要為了先上車而跟着車跑，這樣容易跌倒或被行駛中的巴士撞到。

★ 下車時要帶好自己的隨身物品，等車停穩後按順序下車。

★ 下車前要看清左右是否有通行的車輛，不要急衝猛跑，以免被兩邊的車撞到，也不要急於從自己所乘車輛的前面或後面橫穿馬路，要等車駛離後再過。

4. 乘的士時

除了地鐵和巴士，我們也會乘坐的士。乘坐的士千萬要注意安全。

安全守則

★ 不要搭乘無牌照的的士。

★ 要站在的士停靠處或可以停車的馬路邊等處搭車，一定不要在十字路口或馬路中間招手示意。

★ 要等車停穩後上車，坐穩後關緊車門。

★ 要繫好安全帶，不要將身體的任何部位伸出車外，以免被過往車輛碰到。

★ 容易暈車的人，最好面向前方，雙目遠眺，不要低頭看書或玩手機。

★ 上車時最好記住車牌號，下車時要帶好隨身攜帶的物品，並向司機索要收據，以便有事情能取得聯絡。

★ 下車前要通過倒後鏡看清後面有無行人或車輛，確保安全再開門下車。

★ 當汽車在高速行駛中緊急剎車時，一定要抓住車內牢固的物體趴下或蹲下，以免摔倒受傷。

特別提示

乘坐的士儘量別坐副駕駛位置

乘坐的士時，很多人喜歡坐在司機旁邊的副駕駛位置上，因為這裏視野好，但是這個位置卻最不安全，發生意外時坐在這兒很容易受到傷害。因此小朋友最好不要坐在司機旁邊。一般而言，在繫好安全帶的情況下，小汽車內安全性由高到低的座位可排列為：後排中間座位、駕駛員後排座位、後排另一側座位、駕駛員座位、副駕駛座位。

知道多一點

的士的由來

1907 年初春的一個夜晚，富家子弟亞倫同他的女友去紐約百老匯看歌劇。散場時，他去叫馬車，問車夫要多少錢。雖然家離劇場只有半里路遠，車夫卻漫天要價，竟然要多出平時 10 倍的車錢。亞倫感到太離譜，就與車夫爭執起來，結果被車夫打倒在地。亞倫傷好後，為報復馬車夫，就設想利用汽車來擠垮馬車。後來他請一個修理鐘錶的朋友設計了一個計程儀表，並且給出租車起名「Taxi-car」，這就是現在全世界通用的「Taxi（的士）」的來歷。1907 年 10 月 1 日，「的士」首次出現在紐約的街頭。

的士載客量不多，一般只有 4 個座位。現在搭乘的士除了在街頭招手招呼外，還可利用電話、網絡、手機 APP 約車。

5. 乘飛機時

與陸地上的交通工具相比，飛機速度更快，也相對安全，但一旦發生事故卻驚心動魄。所以乘坐飛機時一定要做好充分的防護準備。

安全守則

★ 在飛機起飛、下降着陸以及空中穿越雲層或遇擾動氣流時，一定要繫好安全帶，以防飛機顛簸、抖動、側斜導致碰撞受傷或發生其他意外事故。

★ 不要在機艙內隨意走動，不要隨意玩弄機艙內的安全救護設施。

★ 飛機起飛前要關閉手機。

★ 乘機前不要吃得過飽，不要進食大量油膩或高蛋白的食品以及容易產生氣體的食物，以免腹脹、腹瀉及暈機；也不可在飢餓狀態下上飛機，因為飛行時，高空氣溫及氣壓的變化使人體需要消耗較多的熱量，胃中空虛容易噁心。

★ 飛機起飛或降落時，如耳朵感覺不適，可張開嘴或嚼塊口香糖，保持口腔活動，以減輕不適的感覺。

★ 要認真聽機組人員講解救生衣等設備的使用方法，並學會使用。

★ 一旦飛機出現故障，要保持鎮靜，聽從機組人員的統一指揮。

知道多一點

乘飛機如何緩解耳鳴

當飛機升到一定高度時，由於外界氣壓低，鼓室內的氣壓大於大氣壓，使鼓膜外凸，耳朵就有脹滿不舒服的感覺，導致聽力下降。當飛機下降時，鼓室內的壓力低於大氣壓，鼓膜內陷，則會引起耳鳴和疼痛。根據觀察發現，飛機起飛或下降時，耳朵產生難受的感覺是普遍現象。醫學專家提醒人們，如果乘飛機時吃些糖果，並不斷咀嚼、吞嚥，使咽鼓管在鼻咽部的開口開放，空氣能夠自由進出鼓室，鼓室內外氣壓就能有效保持平衡，促進鼓膜恢復和保持正常，從而緩解耳鳴症。

! 真實案例

空中隱形殺手

1991 年 5 月 26 日，奧地利 LAUDA 航空公司的一架波音 767 型飛機從泰國曼谷機場起飛後不久，飛行員突然發現機上的一台電腦神祕地啟動了正常情況下在地面着陸時才可能打開的反向推進器，使飛機失去了平衡。飛機無法及時修正，失速解體墜毀，機上 200 多人全部遇難。

調查結果證明，此次事故是飛機在受到嚴重的電子干擾後產生錯誤訊號所致。手機等電子設備使用中發出的訊號可能干擾飛機正常的訊號傳遞，並使飛機處於錯誤的操作狀態，嚴重影響飛行安全。因此，手機有「空中隱形殺手」之稱，在空中被嚴禁使用。

6. 乘輪船或遊艇時

乘着輪船在大海裏航行是件多麼愜意的事情啊！但如果不遵守安全守則，美妙的旅程就會出現不美妙的插曲。

安全守則

★ 不要攜帶易燃、易爆物品乘船。

★ 不要乘坐超載船隻；遇大雨、大風或大霧等惡劣天氣，不要乘船。

★ 不要把身體探出船身周圍的欄杆；不要逗留在船頭等不安全的地方，以免失足掉入水中；不要在船上來回跑動或打鬧，以免顛簸摔傷。

★ 如果暈船，可以事先服用一些防暈藥品；一旦暈船，要回艙休息，必要時服用治療暈船的藥品。

特別提示

自動充氣式救生衣的穿法

- 穿着前應檢查救生衣有無損壞，腰帶、胸口及領口的帶子是否完好。
- 將腰帶部分置於身前，再把頭部套進救生衣內。
- 將左右兩根腰帶於身體正面交叉後，如果太長，可把它們分別繞到身後再到身前，打死結繫牢，再繫好胸口、領口的帶子即可。

注意事項：

- 注意救生衣是否能正反兩面穿用。有的救生衣正反兩面穿用皆可，救生性能一樣；有的救生衣僅能正面穿着，不能反穿；僅在一面配置了救生衣燈、反光膜的救生衣，若把有燈的一面穿在裏面，燈光就發揮不了作用。
- 將帶子打死結、扣子等緊固件扣牢靠。若未扣牢，在跳水時受水的衝擊可能會鬆開，或在水中漂浮較長時間後脱落。

知道多一點

如何預防暈車暈船

- 在乘坐車、船前，不要吃過多的東西，要休息好，保持精神飽滿。
- 要適當調整自己的視聽感覺，當車、船在行駛時，眼睛儘量往遠處看，因為看近處的物體，會增加晃動感。
- 醫學專家指出，可用運動鍛煉治療暈動病，平時可有意識地做些搖擺和旋轉運動，通過循序漸進的運動，增強內耳前庭器官對不規則運動的適應能力，逐漸減輕乃至克服暈動病。

7. 乘纜車時

纜車是一種獨特的交通工具，乘纜車不僅快速方便，還可以「一覽眾山小」。但很多人坐纜車會害怕，因為一旦發生危險，逃生很困難。所以乘坐時一定要注意安全。

安全守則

★ 乘坐纜車時一定要聽從工作人員的指揮。

★ 在纜車上不要隨意晃動或者從座位上站起來。

★ 在纜車運行過程中，千萬不要將車門打開，也不能將身體的任何部位探出車廂，以免跌落或碰傷。

★ 遇到惡劣天氣，不要乘坐纜車。

★ 下纜車時一定要待纜車停穩再下，不要着急。

緊急自救

纜車在運行過程中因停電、電壓不穩、機械故障或打雷等原因，有可能會緊急停車，車廂在慣性的作用下會大幅搖擺。這時要保持鎮定，等待工作人員採取措施，切不可盲目打開車門，更不可從纜車上直接跳下。

特別提示

乘坐遊樂設備安全須知

遊樂園是孩子們最愛去的休閒場所，但是在乘坐摩天輪、旋轉木馬、小火車等遊樂設備的時候，下列注意事項是必須牢記的：

- 遊樂設備的定檢週期為 1 年，凡經安檢合格的遊樂設備，醒目處都張貼着安檢合格標誌。在乘坐的時候，首先要查看這些遊樂設備是否有安檢合格標誌，不要乘坐逾期未檢或檢驗不合格的遊樂設備。
- 在兒童遊樂設備的醒目地方都設置有「乘客須知」，在乘坐前要仔細閱讀，不坐不適合自己年齡的遊樂設備。比如，14 歲以下的兒童不宜乘坐過山車、海盜船、太空飛梭、勇敢者轉盤等激烈刺激的遊樂設備。
- 在排隊等候時，不要翻越安全柵欄、擅自進入隔離區。
- 在乘坐旋轉、翻滾類遊樂設備之前，最好將鑰匙、眼鏡、手機、相機等容易掉落的物品託人保管，不要帶在身上進入遊樂設備的車廂裏，否則容易遺失。另外，最好不要穿腰帶細繩的衣服，也不要戴項鏈。這些物品有可能無意中掛在遊樂設備的器械上，造成意外傷害。更不能攜帶任何尖鋭的金屬物品進入場地，如小刀、長髮夾等，以免無意中刺傷自己或他人。
- 要聽從工作人員的指揮上下遊樂設備，在遊樂設備沒停穩之前不要搶上搶下。乘坐時要繫好安全帶，並檢查是否安全可靠。如果感覺不牢靠，要請工作人員幫忙解決。
- 遊樂設備運行時要坐穩扶好，安全帶絕對不可解開。不要在運行過程中拍照，不要食用任何食物，否則容易造成食物卡喉嚨等意外。
- 在乘坐包含公轉和自轉運動的遊藝設備時，如有不適，請立刻用手勢向工作人員示意。
- 大規模的停電造成遊樂設備停機時，不要驚慌失措，要聽從工作人員的安排。
- 萬一遊樂設備裏發生了火災，可用手頭的衣物或者手帕、紙巾捂住口鼻（最好用水將其打濕），並拍打艙門呼救，等待救援。

1. 使用電腦時

電腦給我們帶來了極大的快樂與方便，但是，「電腦病」卻是 21 世紀威脅人類的一大殺手。長時間使用電腦，不僅影響人的視力，而且影響身體健康。雖然不接觸電腦已不可能，但我們可以採取有效的措施減少電腦給我們帶來的危害。

安全守則

★ 使用電腦一定要適度，做到勞逸結合。每次在屏幕前瀏覽最好不要超過半個小時，每隔一段時間最好活動一下筋骨，到戶外呼吸一下新鮮空氣。

★ 操作時坐姿要端正、舒適，眼睛要和屏幕保持合適的距離。

★ 使用電腦時光線要適宜，屏幕設置不要太亮或太暗，房間裏的光線也不能太暗，以免對眼睛造成傷害。

★ 每次用完電腦後，要用清水洗手、洗臉，以減少電磁輻射。

2. 玩電腦遊戲時

你的父母反對你玩網絡遊戲嗎？其實網絡遊戲有利有弊，但一定不能過度沉溺其中。那麼要怎麼玩才不會傷害到自己，父母也不會反對呢？

安全守則

★ 要堅決抵制含有色情、暴力等內容的不良遊戲。

★ 要學會自我控制，在不影響正常生活、學習的情況下使用網絡。

★ 要合理安排玩遊戲的時間，一定要適度，不要沉迷其中，玩物喪志。

★ 玩遊戲要選擇良好的環境。很多網吧環境惡劣、空氣混濁，長時間處於這種環境會影響身體健康；同時網吧人員複雜，容易出現意外。

給家長的話

網絡是一把雙刃劍。作為家長，既不能因為網絡的積極作用而放任不管，也不能因為它的負面影響而一味地阻止孩子上網。要多了解、關心孩子的上網情況，指導他們正確對待網絡，為孩子正確使用網絡保駕護航。

1. 給孩子推薦一些健康、有益、適合少年兒童進入的網站，同時鼓勵他們利用教育網站尋找資源，進行自主學習，如對語文學科感興趣的同學，可以讓他們在網上欣賞佳作。
2. 引導孩子懂得是非，增強網絡道德意識，並教會他們如何分辨網絡中的有害信息，以免他們在網絡中「迷失」。
3. 在引導孩子上網時，應避免只圍繞學習這一項內容，要善於發現並抓住孩子的興趣點，引導他往這個方面發展，孩子用於玩遊戲和聊天的時間就會少了。
4. 在允許孩子上網的同時，應提出如下要求：
   上網的前提條件是必須圓滿完成課堂作業和家庭作業；上網時家長會不定時地督促檢查，防止其瀏覽不健康的網頁或沉溺於網絡遊戲；嚴格控制其上網時間。
5. 在電腦上安裝兒童模式瀏覽軟件，以屏蔽、過濾掉不適合孩子接觸和瀏覽的網站內容。

3. 網上聊天時

網絡是個虛擬的世界，魚龍混雜，信息真假難辨，稍不留神就會陷入一些圈套，比如許多不法分子會利用網絡獲取他人信息作案，因此和網友聊天時要高度警覺。

安全守則

★ 儘量不要加陌生網友。

★ 不要輕易向網友泄露個人信息，如電話號碼、家庭地址、學校名稱以及父母身份、家庭經濟狀況等隱私問題。

★ 不要把你在網絡上使用的名稱、密碼（如上網的密碼和電子郵箱的密碼）告訴網友，也不要向網友發送自己的照片，以防被不法之徒利用。

★ 聊天時如果遇到帶有攻擊性、淫穢、威脅、暴力等內容的話語時，不要回答或反駁，要告訴父母，通知網站工作人員或者報警。

4. 被陌生網友約見時

你一定有很多網友吧？對於那些陌生的網友可要多加留意，也許會有不法分子藏匿其中。如果陌生網友約你見面，怎麼做最好呢？

安全守則

★ 不要輕信陌生網友的話，最好不要和陌生網友見面。

★ 如果非會面不可，不要自己單獨去，可以由父母或其他成人陪同。

★ 如果非會面不可，見面地點最好選擇在人多的公共場所，這樣遇到突發情況時可以求助於周圍的人。

5. 使用網絡通訊工具時

網絡通訊工具使用不當會引來被盜的麻煩，很多騙子會利用網絡通訊工具對被盜者的親朋好友行騙，所以一定要保護好自己的帳號。

安全守則

★ 要使用複雜、安全性較高的密碼，並且定期修改。

★ 不要把自己的密碼隨便告訴他人。

★ 在登錄時，如果系統提醒你的帳號出現異常，有可能是號碼被盜了，此時要立刻修改密碼。

★ 如果是在網吧或者其他臨時的地方上網，臨走時一定要刪除聊天記錄，最好把記載你帳戶聊天內容的文件夾整個刪除，然後清空回收站。

★ 不要隨意打開陌生人傳給你的文檔和郵件，不要輕易上一些陌生的網站。

知道多一點

常見的騙術

- 冒充好友詐騙：通過木馬程序等騙取用戶密碼後，冒充好友發佈各種虛假信息，如以各種名義借錢、發佈帶有病毒的網頁等。
- 發送虛假郵件：冒充網絡服務商公司以系統升級為由，騙取用戶輸入賬號和密碼，以盜取帳號。
- 發送虛假中獎信息：冒充網絡服務商公司發佈虛假中獎信息，要求用戶按所提示的方式領獎，騙取錢財。

6. 設置密碼時

在網絡中，很多時候都需要你設置密碼，密碼是一道重要的安全屏障。怎樣才能設置一個安全的密碼呢？

安全守則

★ 為保證密碼安全，要設置足夠長的密碼，密碼組合也要複雜點，最好使用字母大小寫混合外加數字和特殊符號組合。

★ 不要使用與自己相關的資料作為個人密碼，如自己的生日、電話號碼、身份證號碼、姓名簡寫等，這樣很容易被熟悉你的人猜出。

★ 不要為了防止忘記而將密碼寫在紙上，以防被他人看到。

★ 要經常更換密碼，特別是遇到可疑情況的時候。

★ 多個網站最好設置多個用戶名和密碼，否則丟失一個就丟失全部。

7. 遭遇色情網站時

網上有很多色情網站，內容低俗，誘惑力極強，對兒童的身心健康會產生極壞的影響，甚至誘發犯罪。

安全守則

★ 一定要高度警惕，自覺抵制，不要掉進色情網站的陷阱。

★ 一旦不小心打開了色情網頁，要立即關掉，不能關閉時，可強行關機。

8. 接收郵件時

現在很多同學都有自己的電子郵箱，足不出戶，就能瞬間收取信件，真是方便快捷呀！可你知道這個郵箱裏有可能潛伏着「炸藥包」嗎？

安全守則

★ 當心那些題目誘人的郵件。有些險惡的黑客，往往把病毒隱藏在名字比較誘人的郵件中發給你，一旦魯莽地打開，電腦就會遭到攻擊。

★ 在接收郵件的時候，一定要看清來信的地址，不要隨便打開來歷不明的郵件。

★ 不要隨便打開宣稱免費提供價值不菲的物品的郵件，以免造成財產損失。

9. 下載軟件時

現在很多同學經常會在網站上下載一些軟件。但網絡上有很多「騙子網站」和「釣魚網站」，其中很多免費軟件是「糖衣炮彈」，有的設計含有缺陷，有的帶有病毒，要時刻保持警惕。

安全守則

★ 不要輕易在網站上下載不明軟件。

★ 不要輕易在不熟悉的網站或可疑網站上下載軟件，需要下載軟件時，要選擇正規的網站。

10. 離開電腦時

當你在電腦前坐久了，一定要站起來活動一下，向遠方眺望眺望，到外面走一走。但離開電腦時，可千萬別迷糊，想一想，忘了甚麼？

安全守則

在學校或其他公共場所上網後，離開電腦前一定要關閉通訊軟件、電子郵箱等頁面及瀏覽器，以免你的個人信息保留在電腦上被別有用心之人看到。

兒童安全大百科

室外篇

1. 玩遊樂項目時

遊樂園是盡情玩耍的地方，這裏有各種新鮮有趣又刺激的娛樂項目。它們能給你帶來歡樂，也能在你不留意時對你造成傷害。

安全守則

★ 要嚴格遵守遊玩規則，使用各種遊樂設備時都要按規定配用安全裝置和用具，如安全帶、安全壓杠、安全門等，一定不要使用缺少安全裝置的遊樂設備。

★ 遊樂設備如果是濕的，最好不要玩，因為潮濕的表面會讓這些設備非常滑，容易發生危險。

★ 不要攜帶棍棒等危險物品，不要穿帶細繩的衣服，不要戴帶細繩的帽子；棍棒易傷人傷己，細繩、背包帶、項鏈易掛在器械上，讓人傷殘甚至危及生命。

★ 在遊樂設備運行過程中，頭、手等身體部位不要探伸到設備外，也不要拋丟物品，以免傷人傷己。

★ 在遊樂設備運行過程中，千萬不要解除安全防護裝置或跳離設備，一定要等遊樂項目結束、設備停穩後，再解除防護，離開設備。

★ 在遊樂設備上，不要打鬧，不要做一些危險動作。

★ 不要在遊樂設備的縫隙裏塞紙屑、包裝紙等廢棄物，以免引起火災。

★ 萬一遊樂設備裏發生了火災，可用手頭的衣物或者手帕、紙巾捂住口鼻，並拍打艙門呼救，等待救援。

★ 如果遊樂設備在運行中突然停機，不要驚慌，可在原位置等待救援。

★ 乘用水上遊樂設備時，不要離開設備下水嬉鬧。

★ 要遠離正在運作的遊樂設備。

★ 患病或身體不適時，不要勉強參加遊樂活動。

★ 不要參加過於刺激、驚險，不適合未成年人玩耍的遊樂活動，如大型過山車、高空彈跳等。

★ 要服從工作人員的管理，共同維護好公共秩序。

特別提示

仔細閱讀《乘客須知》

一般情況下，遊樂園裏每個遊樂項目的入口處，都在顯著位置掛有提示牌，上面寫明了有關該遊樂項目的玩法、注意事項，以及對參加遊樂項目人員的年齡限制、身體條件限制等。在遊樂活動開始前，應仔細閱讀《乘客須知》，根據自己的實際情況選擇遊樂項目。如果自己在被限制之列，要主動放棄，以免發生意外。

2. 觀賞動物時

逛動物園可以讓你大飽眼福，觀賞到各種各樣的動物；但與牠們親密接觸可是潛藏着危險的，要知道，兔子急了也會咬人呢。

安全守則

★ 要遵守公園和動物園的各項規定，尤其要注意園內警示牌的提示。

★ 不要隨意往動物身上丟扔石頭、碎玻璃片等雜物，以免傷害或刺激到動物，逼牠們因自衛而傷人；不要擅自向動物投餵食物，以防動物吃壞肚子而生病。

★ 不要將手伸入籠舍或者翻越護欄接觸、挑逗動物，以免被動物咬傷。

★ 觀看獅子、老虎等猛獸時，要保持一定的距離，不要翻越護欄，以防被咬傷。

★ 一旦被動物咬傷，應該及時就醫，注射狂犬疫苗。

★ 發生其他危險時，不要驚慌，要聽從工作人員的指揮。

3. 划船或乘船時

盪着小舟賞着風景，真愜意啊！但划船要注意安全，掉進水裏可不是鬧着玩兒的！

安全守則

★ 千萬不要和小夥伴私自跑去划船，即使有大人陪伴，也要格外小心。

★ 划船或乘船時一定要穿好救生衣，萬一掉到水裏，救生衣可以使你漂浮在水面上，等救生員來營救；沒有配備救生衣的遊船一定不要乘坐。

★ 應儘量坐在船的中心部位，不要在船舷邊洗手、洗腳、玩水，也不要和小夥伴嬉戲打鬧或來回走動；不坐超載船隻，以免船被掀翻或下沉。

★ 不要與別人爭搶划船槳，也不要太靠近其他船隻，以防船隻相撞。

4. 過橋時

同學們都知道如何安全過馬路，但未必知道如何安全過橋。過橋也是有門道的。

安全守則

★ 最好不要獨自通過沒有護欄的橋。

★ 過橋時要注意看路，不要東張西望，也不要在橋上打鬧或故意搖晃，以免發生意外。

★ 很多拱形橋上有石階，要一步一個台階，不要大踏步，以免踩空，也不要打鬧、跑動，以免扭傷或跌倒。

★ 不要學「蜘蛛俠」攀爬大橋，以免失足跌落。

★ 有些景區有鐵索橋，這種橋很危險，最好不要走。

5. 盪鞦韆時

鞦韆是遊樂場中很容易傷人的一種遊樂設備，盪鞦韆時一定要注意安全。

安全守則

★ 盪鞦韆時應當坐在鞦韆中央，而不要站着或者跪着。

★ 盪鞦韆時雙手一定要抓牢鞦韆的繩索，不要做危險動作。

★ 盪完鞦韆，要等鞦韆完全停止後再下來。

★ 不要在正擺動的鞦韆周圍活動，以免被盪起來的鞦韆撞到。

★ 盪鞦韆時不要逞強，擺動幅度過大或被晃得太高，都容易摔落地面而受傷。

在運動場上

1. 游泳時

游泳是一項有利於身體健康的運動，但如果不注意安全，很容易發生溺水事故，甚至危及生命。

安全守則

★ 游泳時必須由大人陪同，要選擇正規的游泳場所，千萬不要和同學結伴到野外游泳。

★ 千萬不要到水況不明的池塘或水庫、河道裏去游泳，這種地方的水未經過淨化處理，很不衞生，水中還可能有水蛇、毒蟲、玻璃、水草、斷樹枝等，容易使人受傷或遇險；另外，水庫和河道中的水位深，不安全。

★ 游泳前一定要做熱身運動，以免因下水時腿腳抽筋造成溺水。

★ 游泳時要注意避免體力透支，如果感到身體不適，要立刻上岸。

★ 參加強體力勞動或劇烈運動後，不能立即跳進水中游泳，尤其是在滿身大汗、渾身發熱的情況下，不可以立即下水，否則易引起抽筋、感冒等。

在水中抽筋時

- 在水中抽筋時，要保持鎮定，大聲呼救。
- 必要時要學會自救：吸一口氣，使得身體仰浮在水面上，用抽筋小腿對側的手去握住抽筋的部位，並用力往身體方向拉，同側的手掌還要壓在抽筋小腿的膝蓋上，使得抽筋的腿可以伸直。

溺水時

- 溺水時要憋住氣，用手捏着鼻子避免嗆水。及時甩掉鞋子，扔掉口袋裏的重物，邊拍水邊呼救。
- 如有人出手相救，自己要儘量放鬆，不可緊緊抱住對方。

知道多一點

怎樣預防游泳時抽筋

抽筋是游泳過程中最常見的意外，與游泳者的身體狀況有關，主要是體內熱量、鹽量、鈣磷供應不足所致，與睡眠、情緒也有一定的關係。處理不當，就會發生溺水事故。預防抽筋的有效方法是：

- 食物準備不能少：首先應增加體內熱量，以適應游泳時的冷水刺激，可吃些肉類、雞蛋等含蛋白質的食物，還應適當吃些甜食；其次是補充鈉、鈣、磷；夏天出汗多，還應注意補充淡鹽水。
- 準備活動應充分：先用冷水淋浴或用冷水拍打身體及四肢，對易發生抽筋的部位可進行適當的按摩。如果平時能夠堅持冷水浴，就可提高身體對冷水刺激的適應能力，從而有效地避免游泳時發生腿抽筋。
- 身體有汗不下水：游泳池中的水温遠遠低於正常體温，如果大汗淋漓時下水，體表毛細血管會因受涼而突然收縮，使表皮供血量急劇下降，導致腿抽筋。

2. 跳繩時

跳繩這項運動看起來好像很安全，其實暗藏殺機，有時候也會使人受傷。

安全守則

★ 要選擇長短適中的繩子，否則易導致動作不協調或被絆倒。

★ 繩子的軟硬要有所選擇，初學者通常宜用硬繩，熟練後可改為軟繩。

★ 跳繩時要穿着合適、有彈性的運動鞋，以便減輕跳繩時的撞擊力，避免腳踝受傷。

★ 跳繩宜選擇軟硬適中的泥土地、草地等場所，不宜在水泥地上跳，以免引起頭昏或關節損傷。

★ 跳繩前須做熱身運動，以便使肌肉能充分地接受進一步的運動量。
★ 跳繩時要掌握正確的姿勢，眼睛望向前方，腰背挺直，有節奏地跳，落地時一定要以前腳掌着地，以減輕膝蓋所承受的壓力，同時腳跟和腳尖的用力要協調，避免扭傷。
★ 要注意呼吸的協調性，當感到呼吸困難或疲憊時，要立即停下來。
★ 跳繩後須做舒緩運動，可以採用散步的方式使身體儘量放鬆。

3. 溜冰時

溜冰是一項考驗人平衡力、受挫折能力、耐力和速度的運動，有利於身體健康，但也有安全隱患。

安全守則

★ 溜冰要選擇安全的場地，如果在自然結冰的湖泊、江河、水塘上滑冰，要選擇冰凍結實，沒有冰窟窿和裂紋、裂縫的冰面，要儘量在距離岸邊較近的地方，以保證安全。

★ 初冬和初春時節，湖泊、江河、水塘的冰面尚未凍實或已經開始融化，千萬不要去滑冰，以免冰面斷裂而被淹。

★ 溜冰時要佩戴好護具，包括頭盔、護膝、護肘和手套，穿好溜冰鞋，繫緊鞋帶，身上不要攜帶尖銳及容易弄傷身體的物品，以免摔倒後傷到自己。

★ 溜冰前要做一些熱身動作，使身體充分伸展。

★ 溜冰時要保持正確的姿勢：兩腳略分開約與肩同寬，兩腳尖稍向外轉，形成小「八」字，兩腿稍彎曲，上體稍向前傾，目視前方，儘量保持身體平衡。

★ 開始溜冰時，要有 10-20 分鐘的輕鬆慢溜。

★ 溜冰時不要高速滑行，不要追逐打鬧和互相推撞，要注意避讓；人多時，應避免做突然停止或轉身的動作。

★ 當意識到要跌倒時，要儘量使自己的身體向前倒，而不是向後，以免摔傷後腦。

★ 倒滑時要注意周圍，以防撞到他人；當離開或進入溜冰場時，應小心避開迎面而來的其他溜冰者。

★ 練習溜冰時，每隔一段時間要休息幾分鐘。當身體疲勞時，應脫掉冰鞋，放鬆小腿和腳部肌肉。

★ 停止溜冰後，要做些整理運動，使身體放鬆下來再離開。

知道多一點

如何保養溜冰鞋

- 每次溜冰後，要用軟布將溜冰鞋的刀面擦乾淨，將其裝入冰刀套內，避免受潮或破損。
- 冰刀切忌與酸性物質接觸，以防生鏽。
- 濕冰鞋不能烤，要擦拭後晾乾。
- 冬季過後，在收藏冰刀和冰鞋前，要將冰刀擦乾淨，塗上些黃油；用清潔劑擦拭冰鞋上的污漬，將鞋陰乾，擦上一層保護皮革用的鞋油，鞋內塞滿紙團，用以吸收鞋內的濕氣。

4. 玩輪滑時

玩輪滑是新一代青少年熱衷的運動，它可以鍛煉身體的平衡能力、柔韌性、應急反應能力。不過，玩輪滑畢竟是一項較專業的運動，存在一定的安全風險。

安全守則

★ 在玩輪滑之前先要做好熱身運動，要戴好手套、護腕、護肘、護膝、頭盔等護具。

★ 練習時要做好手腳搭配動作，保持身體平衡並注意將輪子調整好，使其運轉自如。用鎖緊螺母調整緩衝墊的彈性，定期給軸承注油，以減少滑行阻力。

★ 要選擇安全的場地，不要在過往行人很多的地方玩輪滑。坑窪不平、有斜坡、有積水的地面也不適合練習，儘量選擇平坦、人少、空曠的地方。

★ 初學者須在傾斜角度較小的坡面上滑行，逐步調換不同的坡度。

★ 由於玩輪滑時腰部、膝關節、腳踝需要用力支撐身體，時間過長，容易導致局部負擔過重，發生勞損，甚至會影響骨骼的正常發育。所以，每次玩輪滑的時間不宜過長，最好不要超過 1 小時。

知道多一點

如何巧摔跤

玩輪滑時摔跤在所難免，可這摔跤也有竅門，掌握了正確的方法，就可以「摔」得輕一些，減少對身體的傷害：

- 無論甚麼時候，都要避免單臂直伸撐地，否則很容易造成手臂或手腕骨折。
- 當要向前摔倒或側摔時，主動屈膝下蹲，曲臂，用兩手掌撐地來緩衝。
- 當要向後摔倒時，也盡可能屈膝團身，降低重心後讓臀部先着地，避免磕碰到頭部。

給家長的話

輪滑運動需要孩子具備相當的平衡能力和敏捷的肢體反應能力。孩子年齡小，身體控制能力較差，發生危險的概率也更高。所以提醒家長們注意：8 歲以下的孩子儘量不要玩輪滑。另外，孩子肌肉力量差，長時間玩輪滑易造成肌肉勞損，或引發關節軟組織滑膜炎症，可能影響生長發育。建議把孩子每次玩輪滑的時間控制在 1 小時以內。另外，切不可把輪滑當交通工具，因為運動者往往要集中精力在動作上，極易忽略路面狀況，存在很大的交通安全隱患。

5. 打籃球時

籃球運動緊張、刺激，充滿迷人的魅力。籃球比賽對抗激烈，而少年兒童肌力小、韌帶薄，極易造成關節韌帶拉傷和扭傷，所以打籃球時一定要做好自我防護。

安全守則

★ 打籃球前要做好充分的熱身活動，要配備好籃球鞋、護膝、護踝等必要的保護裝備。

★ 打籃球時不要戴眼鏡，一旦鏡片被撞擊破碎，玻璃碎片容易濺入眼睛而造成傷害。

★ 不要戴首飾，也不要攜帶小刀等鋒利的物品，以防摔倒或爭搶時劃傷自己或別人。

★ 要儘量避免大幅度的犯規動作，快速行動時避免撞到他人；要注意保護自己，避免手指挫傷以及手腕或腳踝扭傷。

★ 夏季打球要注意補充身體流失的水分，高溫濕熱時要注意防止中暑、抽筋或虛脫。

★ 要合理安排運動量，每次運動控制在 1 小時左右，時間不宜過長。

緊急自救

一旦手指挫傷或者手腕、腳踝扭傷，24 小時內要冰敷，這樣可以有效減少皮下毛細血管出血，然後再進行熱敷，散去瘀血。情況嚴重要去就醫。

給家長的話

籃球作為一項綜合球類運動，涵蓋了跑、跳、投等多種身體運動形式，且運動強度較大，可使全身各部位肌肉都得到活動和鍛煉，增強體內的新陳代謝，充分鍛煉到身體各個部位，因此能全面、有效地促進身體素質和人體機能的發展。孩子經常打籃球，還能夠使長骨組織的血液供應及營養供給充分，有利於成骨物質的合成，促進骨骼的健康生長，有利於身高增長。另據數據顯示，打籃球還可以促進全腦的開發。

另外，當今社會獨生子女太多，孩子們的「自我意識」太強，而善於合作是他們未來走入社會的必修課。籃球中傳球的配合、接球的呼應等，都是一種合作。孩子們在籃球運動中可以逐漸建立起彼此間的信任，和隊友並肩作戰，分工合作，共同進退，就算失敗了，小夥伴也會互相安慰。

據調查，許多中小學生都處於亞健康狀態，包括疾病多發、骨骼發育緩慢、體能缺乏、精神萎靡、恢復緩慢、過度肥胖或瘦弱等不良狀態。而籃球運動帶給少兒的不僅僅是運動中獲得的快樂和健康，還能讓他們遵守規則，學會禮儀，培養獨立、友愛、自理、分享等精神品質。由此看來，家長應該給孩子足夠的活動空間，課餘時間不妨讓他們打打籃球，以促進孩子身心健康發展。

6. 踢足球時

很多男同學都愛踢足球，在寬闊的足球場上奔跑，既能鍛煉身體，又能放鬆心情。但踢足球時如果沒有正規的場地，就要找個既安全又不影響他人的開闊地帶，以免發生危險。

安全守則

★ 要選擇正規的足球場，不要在馬路邊踢球，馬路邊來往的車輛多，容易發生交通事故；也不要在不平坦、有坑窪或沙石的地方踢球，以免造成踝關節扭傷或跟腱拉傷。

★ 踢球時儘量穿透氣吸汗、寬鬆合體的衣服，以及較為舒適的足球鞋。

★ 踢球時不要戴眼鏡，一旦鏡片被撞擊破碎，玻璃碎片容易濺入眼睛，造成傷害。

★ 踢球時不要戴首飾，也不要帶小刀等鋒利的硬物，以防摔倒或爭搶時劃傷自己或別人。

★ 踢球時既要注意保護自己，又要注意保護他人，在奔跑和跳起落地時，切忌踩在球上，這樣容易扭傷下肢關節；在衝撞落地摔倒時，手臂着地要注意緩衝，可以做側滾翻或前後滾翻，切不可硬撐。

★ 要合理安排運動量，每次運動控制在 1 小時左右，時間不宜過長。

★ 夏季踢球要注意補充身體流失的水分，高溫濕熱時要注意防止中暑、抽筋或虛脱。

★ 雨天儘量不要踢球，地滑容易摔傷。

7. 放風箏時

春天裏，很多同學會和爸爸、媽媽一起去戶外放風箏。但亂放風箏可是很危險的，一定要關注身邊的環境，安全放飛。

安全守則

★ 放風箏要選擇寬敞的非交通道路或空曠之處，如操場、廣場、公園、山丘等，確保放飛安全。

★ 不要在公路或鐵路兩側放風箏，路上人來車往，容易發生交通事故。

★ 不要在樓頂或大橋上放風箏，以防後退時跌落。

★ 不要在河邊、水井邊、池塘邊和堤壩上放風箏，以免失足落水，也不要因風箏落水冒險去撿拾。

★ 不要在有高壓線的地方放風箏，以防因風箏與電線接觸而發生事故。

★ 要儘量保持風箏乾爽，如果風箏掛在了電線上，不要貿然去取，以防觸電。

★ 放風箏時要注意避免陽光照射對眼睛造成傷害。

★ 風箏斷線追尋時要注意安全，放飛失控時要防止被拉倒或滑倒。

知道多一點

學做一個紙風箏

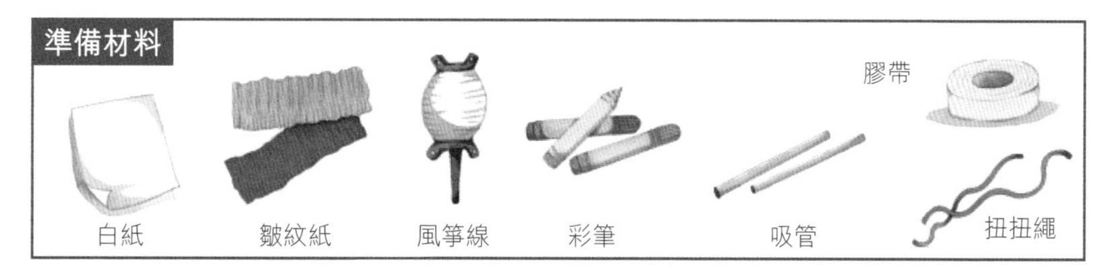

1. 用吸管製作一個風箏骨架，並用扭扭繩固定結實。

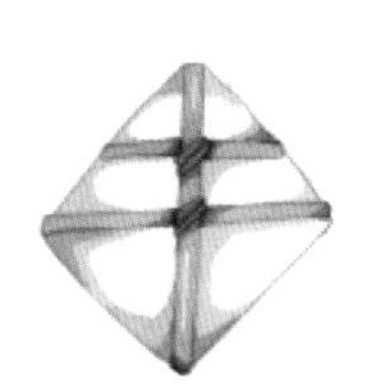

2. 把白紙剪成適合風箏骨架大小的菱形，畫上你喜歡的圖案，然後用膠帶固定上、下、左、右四個角。

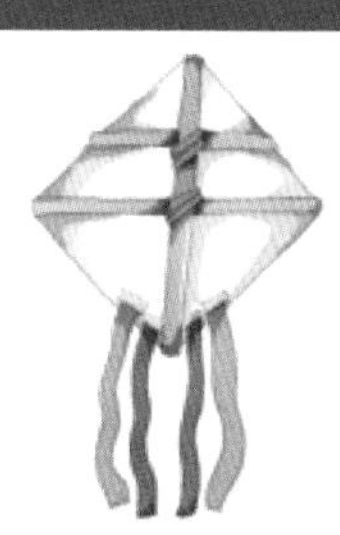

3. 用膠帶把皺紋紙固定在風箏骨架上，作風箏的尾巴。

4. 把風箏線綁在風箏骨架上，就可以去放風箏了！

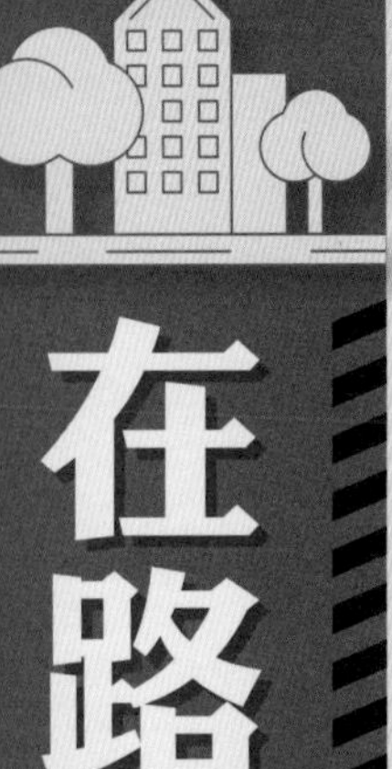

在路上

1. 騎單車時

一些同學騎單車上學，這既節省時間，又能鍛煉身體。但如果騎車時不遵守交通規則，很容易造成交通事故。

安全守則

★ 騎單車前要做好檢查，看車胎是否有氣，剎車是否靈敏，車鈴是否完好無損，以免發生意外。

★ 要在非馬路上行駛，在單車徑上要依指示方向行駛，千萬不要逆行。

★ 不要手中持物（如打傘）騎車，不載過重的東西騎車，不要雙手放開車把手，也不要騎車帶人。

★ 不要多人並排行駛，不要互相攀扶，互相追逐，更不要賽車。

★ 經過交叉路口時，要減速慢行，注意過往行人和車輛；拐彎時不要搶行，要減速慢行。

★ 超越前方單車時，不要與其靠得太近，速度不要過快，不要妨礙被超車輛的正常行駛。

★ 過較大陡坡時應推車行走，遇雨、霧等天氣要減速慢行。

知道多一點

剎車失靈怎麼辦

當剎車失靈時，如果不是路口，前方又沒有行人，要掌握好平衡，讓單車自動滑行，慢慢停下來；如果前方有很多行人和汽車，一定要大喊「危險，快讓開」；如果前方路況十分危險，情急之下，可以駛向路邊的土地或沙地，並做好跳車準備；如果鞋底夠厚，坐墊夠矮，腳能碰到地面，也可以嘗試用腳剎車。

2. 行走時

很多交通事故的發生並不是因為汽車「不長眼睛」，而是因為行人不會走路。可見走路也是大有學問的。

安全守則

★ 在大街上行走，要走人行道；沒有人行道的，要靠馬路右邊行走。

★ 集體出行時，最好有組織、有秩序地列隊行走。

★ 結伴行路時，不要相互追逐、打鬧、嬉戲，橫排不要超過兩人。

★ 行走時要精力集中，不要東張西望、邊走邊看書報、打電話或做其他事情，也不能閉眼聽音樂。

★ 行走時要注意觀察周圍和路面情況，夜晚路黑或路燈光線不足時要加倍小心。

★ 行走時不要過於接近路邊停放的車輛，以防它突然啟動或打開車門。

★ 不要在道路上扒車、追車、強行攔車，以免發生意外。

特別提示

小心窨井

街道上的窨井（即沙井）常常威脅行人安全。破損或無蓋的窨井讓人一腳踏空，造成人身傷亡的事故時有發生。走路時，一定要格外注意並儘量避開窨井。尤其在暴雨天，有的井蓋可能會被水沖開，所以千萬不要涉水前行，以免跌落到無蓋的窨井中。平時如果發現井蓋損壞或者丟失，存在隱患，要及時報告巡邏警察或有關管理人員，以便及時排除危險。

3. 過馬路時

走在馬路上，隨時都有可能發生交通事故。為了安全過馬路，我們首先要了解過馬路的正確方法。

安全守則

★ 穿越馬路須走人行橫道。

★ 通過有交通信號控制的人行橫道，須看清信號燈的指示。綠燈亮時，可以通過；綠燈閃爍時，不准進入人行橫道，但已進入人行橫道的可以繼續通行；紅燈亮時，不准進入人行橫道。

★ 通過沒有交通信號控制的人行道，要注意來往車輛，在確認沒有車輛通過時才可以穿越馬路；一旦不慎走到馬路中間，前後都有車輛時，千萬不可亂動，要原地站立，等車流通過後再走。

★ 過馬路時切忌猶豫不決、停停走走、跑向路中又回頭。

★ 沒有人行橫道的馬路，須直行通過，不可在車輛臨近時突然橫穿。

★ 在有人行過街天橋或地下通道的地方過馬路，須走人行過街天橋或地下通道。

★ 不要翻越馬路邊和路中的護欄、隔離欄、隔離墩等隔離設施。

★ 不要突然橫穿馬路，特別是馬路對面有熟人、朋友呼喚，或者自己要乘坐的巴士快要進站時，千萬不能貿然行事，以免發生意外。

知道多一點

交通信號燈為甚麼選紅、黃、綠三種顏色

在各種顏色中，紅色光波最長。光波越長，它穿透周圍介質的能力就越強，因此在光度相同的條件下，紅色顯示得最遠，所以紅色被採用為停車信號；黃色光的波長僅次於紅光，位居第二，黃色玻璃透過光線的能力強，顯示距離也較遠，因而被採用為緩行信號；綠色光的波長是除紅、橙、黃以外比較長的一種色光，顯示的距離也較遠，同時綠色和紅色的區別明顯，因此被採用為通行信號。

常見交通標誌

的士站

幹線號碼

快速公路的起點及延續部分

快速公路終點

速度限制

不准超車

禁止響號

不准掉頭

行人止步

4. 過鐵路岔道口時

我們在某些地方，可以看到鐵路岔道口，這裏潛伏着很大的危險，一定要小心通過。

安全守則

★ 在經過有人看管的鐵路道口時，要服從鐵路工作人員的指揮或遵守信號燈規定，紅燈停，綠燈行，不能強行通過。

★ 經過無人看管的鐵路道口時，不可在鐵路上逗留、玩耍、坐卧，以免火車通過發生危險。

★ 過鐵道要注意來往火車，當護欄落下來時應該立即止步，絕不可鑽護欄。

5. 遇到精神異常者時

由於現代社會生活壓力很大，精神異常或患有精神疾病的人日漸增多。如果在路上遇到了精神異常的人，我們該怎麼做呢？

安全守則

★ 遇到精神異常者，應當儘快遠離、躲避，不要圍觀。

★ 遇到精神異常者，不要與其對視；如果對方是被害妄想症患者，與其對視有可能引起對方的攻擊。

★ 保持冷靜，不要對其進行挑逗、戲弄和語言侮辱，以免刺激到他而受傷害。

★ 當精神異常者對你有攻擊行為時，最好迅速逃離；逃離不及，可以利用身邊的物品進行積極防禦，並爭取時間和機會求助或報警。

6. 被人跟蹤或搶劫時

走在路上，如果感覺到有人鬼鬼祟祟跟在你後面，你一定很害怕，但可不能因為害怕而讓那個人得逞。

安全守則

★ 當發現有人跟蹤時，千萬不要驚慌，要朝人多的地方走，如繁華熱鬧的街道、商場，甩掉尾隨者。

★ 如果附近有警局，或看見巡邏警察，就趕緊向警察求救。

★ 千萬不要往小巷子或者死胡同裏跑，一旦被歹徒堵住，要大聲呼救。

★ 如遇搶劫，可將錢包或財物扔遠些，劫匪會去撿，自己好有機會逃脫。

特別提示

別讓壞人有機可乘

● 放學後不能按時回家，一定要讓家長知道你去哪裏了、大約甚麼時候回來、與誰在一起、怎麼與你聯繫。

● 上學和放學的路上，最好與同學結伴而行，不要單獨走在荒涼、偏僻、燈光昏暗的地方。

● 天黑外出，最好攜帶能發出尖叫聲的報警器或口哨，遇到壞人，可以及時拉響或吹響嚇退他；還可以攜帶手電筒，萬一遭襲，可用手電筒照射壞人面部，趁機逃脫。

7. 遭遇綁架時

遭遇綁架的事情不常有，但一旦遇上，可真就考驗你的膽量和智慧了。

安全守則

★ 不要輕信陌生人的話，不要隨便跟他走。

★ 遭到歹徒綁架時，要用力掙扎，大喊大叫，以引起周圍人的警覺。

★ 無法掙脱時要鎮靜下來，記住歹徒面貌特徵、性別、年齡、口音，以及路過的地方和停留的地方，以便協助破案。

★ 為了便於親人知道你的行蹤，你可以在被綁架的路上或停留的地方，伺機扔下你隨身攜帶的物品。

★ 如果關押你的房子裏有電話，要趁壞人不備撥打「999」或往家裏打電話，用簡短的話告知你所處的地點。

★ 要儘量吃好、喝好、睡好，養足精神，保持最佳的身體狀態，為找機會逃脱做好充分準備。

給家長的話

給孩子一個安全的環境固然重要，教會孩子如何保護自己、使自己更安全地成長更加可貴。為了防患於未然，家長應該這麼做：

★ 確保孩子知道家庭住址、家裏的電話號碼以及父母的手機號碼。

★ 確保孩子知道如何撥打「999」報警。

★ 告訴孩子可以用「不」來拒絕來自成年人的請求。

★ 告訴孩子，如果一個大人或孩子要求他保守祕密，他完全可以把這個祕密告訴自己的父母。

★ 要求孩子必須隨時告知父母自己的行蹤。

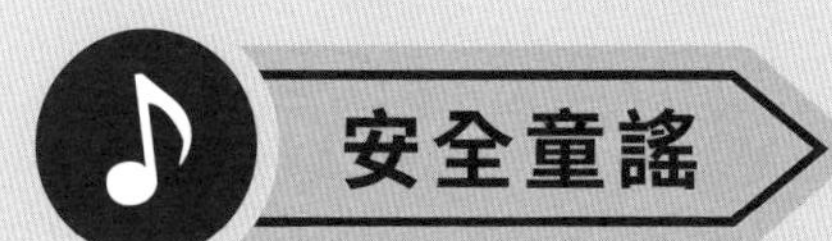

綁架逃生歌謠

鬥智鬥勇智為先，多聽多看記心間；

要吃要喝保睡眠，爭取同情適度談；

學會留下小標記，逃離虎口要果斷。

1. 參加社區活動時

參加集體勞動等社會實踐、參觀活動時，同學們會面對許多自己從未接觸過或不熟悉的事情，要保證安全，就要先了解一些注意事項。

安全守則

★ 要遵守活動紀律，聽從老師或有關管理人員的指揮，統一行動，不要各行其是。

★ 要認真聽取有關活動的注意事項，甚麼是必須做的，甚麼是可以做的，甚麼是不允許做的，不懂的地方要詢問、了解清楚。

★ 參加勞動，使用一些勞動工具、機械、設備時，要仔細了解它們的特點、性能、操作要領，嚴格按照有關人員的示範，並在他們的指導下進行。

★ 不要隨意觸摸、撥弄活動現場的一些電閘、開關、按鈕等，以免發生危險。

★ 注意在指定的區域內活動，不隨意四處走動、遊覽，以防意外發生。

★ 來回路途中，要注意交通安全。

2. 郊遊、野營活動時

學校要組織郊遊了，你一定很高興，爸爸、媽媽可是非常擔心你的安全呢。為了讓他們放心，出遊前你還是做好充分的準備吧！

安全守則

★ 郊遊要由成年人組織、帶領，要嚴格遵守活動紀律，服從指揮。

★ 集體活動時最好統一着裝，這樣目標明顯，便於互相尋找，以防掉隊。

★ 要準備充足的食品和飲用水，以及一些常用的治療感冒、外傷、中暑的藥品。

★ 要準備好手電筒和足夠的電池，以便夜間照明使用。

★ 要穿運動鞋或旅遊鞋，不要穿皮鞋。穿皮鞋長途行走，腳容易起泡。

★ 不要採摘、食用野生蘑菇和野果等，以免發生食物中毒。

3. 登山時

登山是健身運動，但也是一項很危險的運動。同學們在登山的時候，一定要提高警惕。

安全守則

★ 登山時要由老師或家長帶領，集體行動。

★ 要選擇安全的登山路線。

★ 登山前要了解天氣情況，雨天路滑，不宜登山。

★ 登山除了攜帶食物和水外，最好隨身攜帶一些急救藥品和用具，如雲南白藥、創可貼、紗布、繃帶等，以便及時處理意外損傷。

★ 登山要穿比較寬鬆的服裝和運動鞋，以便活動，同時要少帶行李，輕裝前進，以免過多消耗體力。

★ 登山時千萬不要東張西望，更不要追逐打鬧，一定要看準、走穩；背包不要手提，要背在雙肩，以便解放出雙手進行抓攀。

★ 登山運動會消耗大量的熱量和水分，要根據自身體能適當補充食物和水分。

★ 不要邊走路邊拍照，以免踏空；也不要在危險的懸崖邊照相，以免發生意外。

★ 行進中遇到雷雨時，不要到河邊或溝底避雨，因為那裏可能會有山洪發生，同時不要到山頂的樹下避雨，應就近找個山洞暫時躲避。

★ 登山隊伍不可太分散，應經常保持可前後呼應的狀態。

★ 迷路時應折回原路，或尋找避難處靜待救援，以減少體力的消耗；在山地行進，為避免迷失方向、節省體力、提高行進速度，應力求有道路不穿林翻山，有大路不走小路。

★ 切勿讓身上的衣物受潮，以免體溫散失。

緊急自救

登山過程中身體可能會發生一些損傷，比較常見的有皮膚擦傷、關節扭傷等。

- 當皮膚被擦傷時，可使用清水沖洗傷口，然後塗擦碘伏或消毒藥水，再使用創可貼等保護創面；當傷口較深並伴有出血時，要用清水沖洗傷口，然後使用雲南白藥進行止血，再用紗布、繃帶等包紮傷口；如果出血較快，則要加壓包紮傷口，然後及時下山就醫。
- 關節損傷中以踝關節扭傷最為常見。踝關節扭傷後要及時制動，使用護踝、彈力繃帶固定踝關節，防止損傷加重；如果條件允許，可以使用冰塊冷敷，以減少毛細血管出血，防止關節腫脹加劇；下山後再到醫院進行深入檢查。

4. 在海灘上玩耍時

如果夏季你去海邊玩耍，一定要注意防曬。夏天的日照比較強烈，輕則會使皮膚中的水分流失，導致皮膚乾燥；重則會引起皮膚發炎，可千萬不能小看。

安全守則

★ 去海灘前要把防曬霜塗抹在暴露的皮膚上，為防止汗水把防曬霜沖掉，應該每隔幾個小時就塗一次。

★ 要避免在上午 11 時到下午 3 時在陽光下暴曬，因為這段時間的紫外線最強，殺傷力也最大。

★ 日曬使人體內的水分大量蒸發，身體容易脫水，所以應該喝大量的水來補充身體失去的水分。

緊急自救

- 當皮膚被曬傷後，可以塗抹一些蘆薈膠，防止脫皮，修復曬傷的皮膚。
- 如果日曬後出現皮膚疼痛、腫脹、起水泡等症狀，甚至在 12 小時內出現發燒、發冷、頭昏眼花、反胃等症狀，就要儘快去醫院治療。

5. 野餐時

在大自然的懷抱中野餐，本來是一件很快樂的事情，但如果不注意安全和衞生，發生了意外，那你可就快樂不起來了。

安全守則

★ 野餐地點應選擇在平坦、乾淨、背風、向陽的場地，避開塵土和馬路。

★ 地上要鋪上乾淨的塑膠布，四周用石塊壓緊，以防被風掀起或使螞蟻等小昆蟲爬到上面；最好自備一些洗淨的、衛生且不易變質的食物，同時注意餐具衛生。

★ 不要採摘野菜、野果等食用，以防食物中毒。

★ 不要吃未熟的食品，也不要吃生冷的食物。

★ 儘量不要喝生水，野外的水流即使看起來非常清澈，也很容易被病菌感染，喝了容易染上病毒性肝炎、腸炎等疾病。

★ 鹵菜類食品最好當天購買，如前一天購買要放在冰箱內，出門前應加熱。購買食品時應注意其生產日期和保質期，以免誤食過期變質食物。

★ 注意個人衛生和環境衛生，餐前要洗手或用消毒紙巾將手擦拭乾淨。最好隨身攜帶消毒紙巾供擦手和消毒餐具用。

★ 罐頭、盒飯、飲料等不要一下子全倒出、攤在外面，應吃一點兒取一點兒，將剩下的蓋好，以防蒼蠅、蟲子爬行叮咬。

★ 不要在禁止煙火的地方起爐灶，使用完點燃的爐灶要立即將餘燼用水澆或土壓，徹底熄滅。

★ 儘量不要吃煙熏火烤的食品。因為在篝火上燒烤各種肉類，會生成大量的多環芳烴。這種物質一部分來自熏烤時的煙氣，但主要是來自焦化的油脂。同時熏烤的食物中還有一些亞硝胺化合物，而這種物質容易致癌。

特別提示

野生蘑菇不要吃

我們平時在市場上買來的蘑菇大都是人工養殖的，經過了食品安全檢驗，可以放心食用。但很多野生蘑菇含有毒素，一旦誤食就會致命。毒蘑菇很難分辨，因此最好的預防辦法就是不吃野外採摘的蘑菇。

6. 食物中毒時

食物不都是美味的，吃了腐敗變質或不乾淨的食物，或者在野外貪吃某些「野味」，都有可能引發食物中毒。食物中毒後，輕則引起腹痛、腹瀉及嘔吐，重則會發生休克。所以一定要嚴把食品品質關，以防病從口入。

緊急自救

發現自己或別人食物中毒時，不要驚慌，可針對導致中毒的食物和食用時間長短來採取下列應急措施：

- 如有毒食物吃下去的時間在兩小時以內，可採取催吐的方法，用筷子、湯匙柄或手指等刺激咽喉，引發嘔吐。

- 如有毒食物吃下去的時間超過兩個小時，且精神尚好，則可服用瀉藥，使有毒食物排出體外。
- 催吐後，對於胃內食物較少的中毒者，可取食鹽 20 克，加開水 200 毫升，冷卻後喝下，一次或數次將毒素排出。
- 如果是吃了變質的魚、蝦、蟹等引起食物中毒，可用鮮生薑搗碎取汁，用溫水沖服或者服用綠豆湯進行解毒。
- 如果誤食了變質的飲料或防腐劑，可服用鮮牛奶或其他含蛋白質的飲料解毒。
- 經以上急救，病情未見緩解或者中毒非常嚴重的，則須馬上就醫。

知道多一點

常見垃圾食品及其危害

- 油炸類食品，如油條、炸薯條，其加工過程會破壞食物中的維生素，澱粉類油炸食品大多含有致癌物質丙烯醯胺。
- 醃製類食品，如泡菜、酸菜，會刺激腸胃，損害消化系統。因含鹽分過高，多吃可能導致高血壓。
- 加工類肉食品，如肉乾、肉鬆、香腸，因含有致癌物質亞硝酸鹽和大量防腐劑，容易加重肝臟負擔。
- 餅乾類食品，熱量過多，營養成分低。有些品種的餅乾中食用香精和色素的含量過多，會對肝臟造成負擔。
- 碳酸飲料，會使人體內大量的鈣流失，可樂等碳酸飲料含糖量過高，影響正常飲食。
- 速食麪和膨化食品，鹽分過高，含防腐劑、香精，容易損傷肝臟。
- 罐頭類食品，其加工過程會破壞維生素。
- 蜜餞類食品，如果脯，含致癌物質，鹽分或糖分過高，含防腐劑、香精，容易損傷肝臟。
- 冷凍甜品，如雪糕，含奶油過多，易引發肥胖。有些品種還可能含有大量反式脂肪酸。
- 燒烤類食品，如各種烤串，含致癌物質，比香煙毒性更大，導致蛋白質炭化，加重腎臟、肝臟的負擔。

7. 中暑時

炎炎夏日，人如果長時間停留在高溫、高濕、強熱輻射的環境中而沒有採取防熱、防曬的措施，很容易出現頭痛、頭暈、口渴、多汗、四肢無力、動作不協調等中暑症狀。如何避免中暑呢？

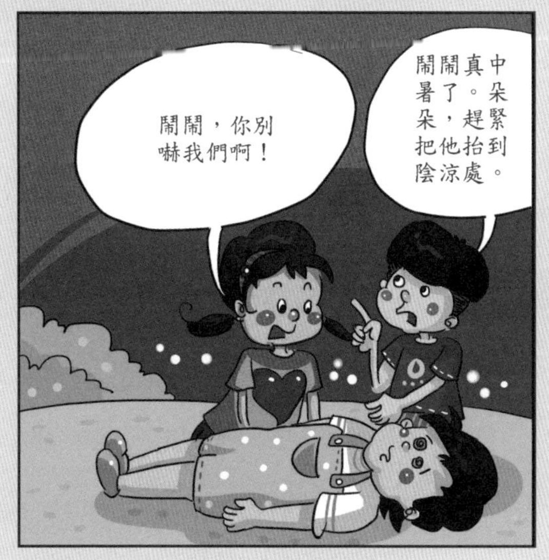

安全守則

★ 夏季要儘量減少在烈日下暴曬的時間，外出時最好穿淺色衣服，準備好遮陽帽、遮陽傘、太陽鏡等，塗上防曬霜，以減少紫外線照射。

★ 外出時可隨身攜帶淡鹽水或綠豆湯，以作解暑之用，還可備一些藿香正氣水之類的藥品，以緩解輕度中暑引起的症狀。

★ 夏季不宜劇烈運動，以防流汗過多導致中暑。

★ 室內長時間高溫且不通風也會引起中暑，要避免處於這樣的環境之中。

★ 及時補充蛋白質。可選擇新鮮的魚、蝦、雞肉、鴨肉等脂肪含量少的優質蛋白質食品，還可以吃些豆腐、土豆等富含植物蛋白的食物。

★ 出汗過多時，應適當補充一些鈉和鉀。鈉可以通過食鹽、醬油等補充，含鉀高的食物有香蕉、豆製品、海帶等。

★ 隨時喝水，不要等口渴了再喝，但是不要過多地吃冷飲。

★ 多吃苦味菜，如涼瓜，有利於泄暑熱和祛暑濕。

★ 多洗澡或用濕毛巾擦拭皮膚。

緊急自救

- 一旦中暑，要迅速離開引起中暑的高溫環境，選擇陰涼通風的地方，把頭和肩部抬高，解開衣服平臥休息；同時要及時補水，這不僅可以降溫，還可以防止身體脫水；但不能大量飲用清水，因為這會進一步降低體內電解質的有效濃度，從而加重病情；飲水以淡鹽水為最佳，或者選擇茶水和綠豆湯。
- 中暑者如果發生休克，要儘量少予以搬動，應將其頭部放低，腳稍抬高。
- 重度中暑者要立即送醫院治療。

知道多一點

人為甚麼會中暑

正常人體在下丘腦體溫調節中樞的控制下，產熱和散熱處於動態平衡，體溫維持在 37℃左右。當人在運動時，機體代謝加速，產熱增加，人體借助於皮膚血管擴張、血流加速、汗腺分泌增加以及呼吸加快等，將體內產生的熱量送達體表，通過輻射、傳導、對流及蒸發等方式散熱，將體溫保持在正常範圍內。當氣溫超過皮膚溫度（一般為 32℃－35℃），或環境中有熱輻射源（如電爐、明火），或空氣中濕度過高通風又不良時，機體內的熱量難以通過輻射、傳導、蒸發，對流等方式散發，甚至還會從外界環境中吸收熱量，造成體內熱量貯積，從而引起中暑。

8. 迷路時

如果你和爸爸、媽媽到戶外遊玩迷失了方向，不要驚慌。

安全守則

★ 問路：迷路之後首先要往有人的地方走，可以打聽路。

★ 辨別方向：如果見不到人，可先辨別大致方向，往正確的方向前進。

★ 尋找原路：仔細回憶剛才走過的路是否有一些明顯的建築標誌，然後憑着記憶找尋原路。

★ 呼救：也可打電話或者呼叫求救，但次數不要太頻繁，呼叫要拉長聲音。

★ 發求救信號：如果有人來找你，要向他傳遞信號，白天可以點燃樹葉或植物生煙，夜晚可以用手電筒向天空反覆照射，或者點燃明火，告訴對方你的方位，以便對方儘快找到你；但要注意不要引發火災。

★ 找安全處露宿：如果天色很晚，又沒有人來救你，要趕緊找個安全的地方露宿。要找那些蚊蟲少、不易被野外動物襲擊的地方。

知道多一點

巧識方向

- 看樹葉：

  白晝看樹葉。陽光充足的一面枝葉茂盛，少見陽光的一面樹葉稀少，所以樹葉稠密的一面是南，稀疏的一面是北。

- 看積雪：

  冬天看積雪。南方太陽光強，積雪融化快；北方太陽光弱，積雪融化慢。

- 找北極星：

  夜晚看北極星。北極星位於正北天空，晴天的夜晚，只要找到北極星，就知道北方在哪兒了。

- 使用指南針：

  把指南針水平放置，待磁鍼靜止後，其標有「N」的一端所指為北方，標有「S」的一端所指為南方。

9. 被蚊蟲叮咬時

夏季外出旅遊，尤其是在水邊或野外旅遊，很容易被蚊蟲叮咬。多數情況下，被蚊蟲叮咬後不會有嚴重的後果，但如果你對某種昆蟲的毒素過敏或遭到大批蚊蟲叮咬，那就有可能危及身體健康了。

安全守則

★ 在野外時，應儘量穿長袖上衣和長褲，並紮緊袖口，皮膚暴露部位要塗抹驅蚊蟲藥（如風油精）。

★ 旅遊時，儘量不要在潮濕的樹蔭下、草地上以及水邊坐臥，也不要在河邊、湖邊、溪邊等靠近水源的地方紮營，這些地方蚊子會更多。

★ 行走的時候儘量不要在草叢當中穿行，因為草叢是蚊蟲的「家」；如果一定要穿行草叢，最好先把褲管紮好，以防蚊蟲乘虛而入。

緊急自救

● 可先用手指彈一彈被叮咬處，再塗上花露水、風油精等。

● 用鹽水塗抹或沖泡癢處，這樣能使腫塊軟化，還可以有效止癢。

● 可切一小片蘆薈葉，洗乾淨後掰開，在紅腫處塗擦幾下，就能消腫止癢。

● 採取上述應急措施沒有效果或被叮咬嚴重時，要立即就醫。

10. 遭遇毒蛇時

很多人都談「蛇」色變，因為毒蛇對人的傷害很大。其實蛇也怕人，只要我們提高警惕，並做適當的防護，許多蛇傷是可以避免的。

安全守則

★ 多數蛇生活在陰涼、潮濕的地方，通常在下雨前後、洪水過後出洞活動，這些時候要特別留意。

★ 當碰到蛇時，不要驚慌。應該輕輕移動，迅速離開，因為毒蛇怕人，受驚後會迅速逃跑，一般不主動向人發動攻擊，被人誤踩或碰撞時才會咬人。另外，蛇的視力非常差，在 1 米以外的靜態事物，牠很難看見。

★ 被蛇追趕時，一定不要沿直線方向逃跑，應跑「S」形路線躲避，因為蛇變向的速度沒有人快。同時蛇的肺活量特別小，爬行一小段路後，就會體力不支。

緊急自救

- 被蛇咬傷後不要慌張，應馬上檢查傷口。無毒蛇咬傷不用特殊處理，請醫生往傷處塗點紅藥水或碘酒就可以了。
- 如果肯定是毒蛇咬傷或當時不能判斷咬人的蛇有沒有毒，就應按毒蛇咬傷處理：將被咬部位靠近心臟的一端用繩子紮緊，用刀切開傷口，用手指擠壓，排出毒素；或者用嘴吮吸毒液（注意嘴裏不能有破損），然後吐掉並且漱口，再用大量的清水沖洗傷口，最後將傷口包紮好；急救處理後儘快到醫院治療。

知道多一點

毒蛇和無毒蛇

蛇可分為毒蛇和無毒蛇兩大類。毒蛇口內有長長的毒牙，脖子比較細，長着三角形的頭，尾巴較短；無毒蛇的頭比較圓，和脖子基本一樣粗，尾巴細長。無毒蛇咬人留下的牙印細小，排成「八」字形的兩排；而被毒蛇咬傷後皮膚上常見兩個又大又深的牙印。

11. 遭遇毒蜂時

在野外遊玩時，你遇到過蜂羣嗎？如果遇到一羣毒蜂，被牠們螫傷可不是一件小事，因為很多毒蜂毒性都很大，要及時採取急救措施才行。

安全守則

★ 在野外遇到蜂羣，不要故意招惹，要注意「避蜂」，不打蜂，不追蜂。

★ 遇到蜂羣一定不能跑，跑得越快，蜂羣追趕就會越兇，還會引來更多的蜂；另外，人跑的速度也不及蜂飛的速度。

★ 遇到蜂羣，正確的處理辦法是，立即趴下或抱頭蹲下，用書包、衣物或者手臂遮擋身體裸露部位，特別要護住頭頸和面部，因為蜂喜歡攻擊人的頭部。

緊急自救

- 如果蜇刺和毒囊仍遺留在皮膚裏，可用針挑撥拔除或用膠布粘貼拔除，不能擠壓。
- 明確是被馬蜂（黃蜂）、虎頭蜂、竹蜂等蜇傷，傷處應用弱酸性溶液，如食醋或濃度為 0.1% 的稀鹽酸等洗滌、外敷，以中和鹼性毒素。
- 明確是被蜜蜂、泥蜂、土蜂等蜂蜇傷，傷處可用弱鹼性溶液，如肥皂水或濃度為 2%－3% 的碳酸氫鈉水、淡石灰水等洗滌、外敷，以中和酸性毒素。
- 如果中毒嚴重，應立即就醫。

12. 被小草劃傷時

小草看起來柔弱，沒有攻擊力，其實暗藏殺機。草上往往帶有很多細菌和農藥殘留物，被草劃傷也會過敏或中毒，千萬不可小覷。

緊急自救

- 一旦被草劃傷，要儘快對患處進行消毒，可以用肥皂水清洗傷口，也可以用消毒水對其進行消毒。
- 如果傷勢不是很嚴重，可以自己塗抹一些藥酒，消炎止痛。
- 如果傷勢嚴重，則要去醫院進行治療。

13. 被水草纏身時

一般在江、河、湖泊較淺或靠近岸邊的地方，常有淤泥或雜草。水草不僅韌性大，而且分佈凌亂，它會纏住人的手腳，對人造成傷害。應儘量避免到這些地方游泳或野浴，以免救護不及溺水身亡。

緊急自救

- 如果不幸被水草纏住或陷入淤泥，首先要保持冷靜。千萬不要踩水或亂動手腳，否則肢體可能會被越纏越緊，或者在淤泥中越陷越深。
- 可以將身體平卧在水面上，並將兩腿分開，慢慢地用手將水草從腿上往下捋，就像脱襪子一樣。

- 擺脱水草後，要儘快離開水草叢生的地方。
- 自己無法擺脱時，應及時呼救。

14. 溺水時

在我們的日常生活中，溺水事故時有發生。不會游泳的同學要當心，會游泳的同學也不要存在僥倖心理，因為溺水的往往是會游泳的人。一旦發生溺水事故，該如何自救呢？

安全守則

★ 過飢、過飽時，不應下水游泳；感冒發燒、身心疲憊時也不要去游泳，否則容易加重病情，發生抽筋、昏迷等意外情況。

★ 下水前要觀察周圍的環境，若有危險警告，千萬不能冒險下水。

緊急自救

- 落水後一定不要慌張，切勿亂動手腳、拚命掙扎，這樣既浪費體力，也更容易下沉。
- 落水後如果發現周圍有人，要調整呼吸，大聲呼救。
- 如果周圍沒有人，則要實施自救：憋住氣，用手捏着鼻子，避免嗆水；及時甩掉鞋子，扔掉口袋裏的重物；身體儘量保持直立狀態，頭頸露出水面，並且雙手還要作搖櫓划水狀，雙腿要在水中分別蹬踏畫圈，以此加大浮力；如果發現有比較堅固的物體，則要用力抓住此物體，以防身體被流水沖走。

真實案例

救人別逞強

某年春節，在中國南方的一個水塘裏，發生了一大慘劇：5 個孩子同時被淹死了！

起初，誰也不知道這是怎麼回事。

後來，警察進行了勘察，發現事故是這樣發生的：先是有一個孩子掉進水塘裏了，但他不會游泳；另一個孩子情急之下跳下水塘，想去救他，而這第二個孩子力不能支，在水裏撲騰，眼看也自身難保了；隨後，另外三個孩子也相繼跳到水中……

就這樣，5 個孩子都掉進水塘裏淹死了。多悲慘啊！

在眾多的兒童溺水事件中，常常是一個孩子遇險，其他孩子施救，救不了別人反而搭上了自己的性命，結果造成更多傷亡。所以同伴溺水，不要貿然下河施救，而要在岸上呼救、報警，拋木板、竹竿或救生圈等相救，一定要請大人幫忙。

15. 身陷沼澤時

如果你身處湖邊、江畔、草地、泥潭等地方，千萬要當心沼澤，一旦不小心掉進去，就會有生命之憂。所以有必要學會應對沼澤。

緊急自救

- 一旦陷入沼澤，如果附近有人，要及時呼叫求助；千萬不要胡亂掙扎，腳不要使勁兒往外拔；應將身體向後仰，輕輕跌下，並張開雙臂，儘量將身體與泥潭的接觸面積擴大，使身體浮於沼澤表面，隨後小心移動到安全地帶，每動一下都要讓泥漿充分流到四肢底下，以免泥漿之間產生空隙，身體被吸進深處。
- 疲倦時，可以保持仰泳姿勢休息片刻，再堅持慢速平穩移動，直至脫離危險。
- 一定不要單腳站立，這樣非常容易加快下陷的速度；如果腳已經開始往下陷，則要慢慢躺下，並且將腳輕輕拔起。

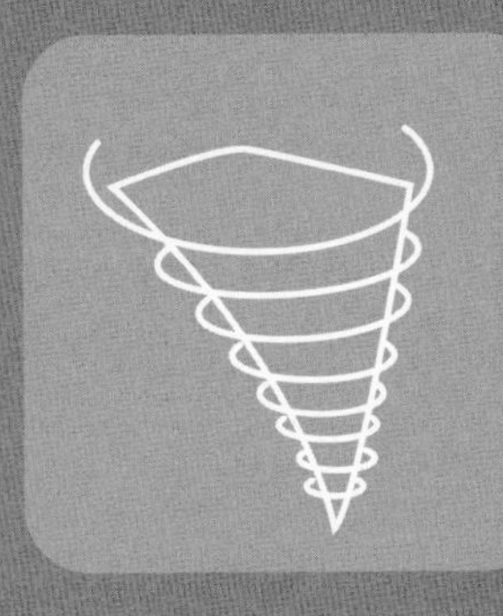

自然篇

1. 地震

21 世紀之初，中國人民有着一段刻骨銘心的記憶：2008 年 5 月 12 日，一場突如其來的災難降臨，四川省汶川縣發生了里氏 8.0 級的強烈地震。一時間山崩地裂，近 7 萬人不幸喪生！地震，震在地上，痛在心裏！要想從地震中爭奪生命權，我們就必須充分掌握關於地震以及避震脱險的科學知識。

認識地震

地球的表面是一層岩石薄殼，叫作地殼。地殼不斷受到來自地球內部的壓力，當壓力達到足夠大時，地殼中的岩層會發生傾斜、彎曲，甚至斷裂，把長期積累的能量急劇釋放出來。這些能量以地震波的形式向四面八方傳播，引起大地的強烈震動，就形成了地震。絕大多數地震都是由這種原因引起的。有時火山噴發、岩洞崩塌、大隕石衝擊地面等特殊情況，以及工業爆破、地下核爆炸等人類活動也會引發地震。地震波發源的地方，叫作震源。一般震源離地面越近，破壞性就越大。地震是自然災害中的首惡，大地震的破壞力相當驚人，地面產生強烈的震動，能在幾分鐘甚至幾秒鐘內使地面出現裂縫、塌陷或隆起，造成道路斷裂、鐵軌扭曲、橋樑折斷、建築物倒塌，甚至把城市變成廢墟。

緊急自救

地震發生時的情況十分複雜，抓住時機、冷靜判斷、迅速避震，是在地震中求生的關鍵。而不同情況下的自救方式又不相同。

在家中

- 身處高樓：千萬不要往陽台、樓梯、電梯跑，也不要盲目跳樓逃生。因為陽台、樓梯是樓房建築中拉力最弱的部位，而電梯在地震時則會卡死、變形，跳樓就更加危險了。要遠離門窗和外牆，迅速躲進管道多、支撐性好的廚房、廁所、儲存室等面積較小的空間內，這些地方不易塌落；也可以躲避到結實的桌子、牀、家具旁邊，或牆根、牆角等處，蹲下，抱頭。
- 身處平房：能跑就跑，如果正處在門邊，可立刻跑到院子外的空地上，蹲下，抱頭；如果來不及跑，就趕快躲到結實的桌子下、牀下或緊挨牆根、堅固的家具旁，趴在地上，儘量利用身邊的物品，如棉被、枕頭等，保護頭部。

在學校裏

- 在學校裏遇到地震時，如果正在教室裏上課，不要慌亂，要迅速在課桌旁蹲下，用書護住頭，或者在講台下、牆角處蹲下，抱頭，閉上眼睛；千萬不要推擠着往外跑或跳樓。
- 如果正走在樓梯上，要迅速靠牆角或走到兩牆的三角處蹲下，抱住頭部。
- 如果在操場上，要原地不動，迅速蹲下，抱住頭部。
- 震後稍平穩下來時，要在老師的組織下有序地撤離教室，在遠離建築物的操場上集合。

在公共場所

在公共場所遇到地震時，最重要的是不要慌亂，要有秩序地採取避震行動，不要盲目擁向出口；若人羣擁擠，應雙手交叉抱在胸部，保護自己，用自己的肩、背部承受擁擠壓力；被擠在人羣中無法脱身時，要跟隨人羣向前移動，注意不要摔倒。

- 在商場裏：要在結實的櫃枱、柱子、牆角等處就地蹲下，用身邊的物品或雙手護住頭部；不要站在高而不穩或擺放重物及易碎品的商品陳列櫥邊；不要站在吊燈、廣告牌等懸掛物下面；地震過後，有秩序地撤離。
- 在影劇院裏：不要亂跑，要馬上蹲下或趴到座椅下面；如果靠近牆，可躲避在牆根、牆角處；要儘量避開吊扇、吊燈等懸掛物品。
- 在體育場（館）中：不要擁擠着向外跑，要有秩序地從看台向場地中央疏散；要選擇安全的避震逃生路線。
- 在電梯中：地震發生時逃生不能乘電梯；萬一在搭乘電梯時遇到地震，被關在電梯中，要緊靠廂壁蹲下，護住頭部；震後平穩時，再通過敲擊、呼喊求救。

乘車時

- 乘坐公共汽車時：應躲在座位附近，緊緊抓住座椅，降低重心，並用衣物護住頭部；地震過後，有秩序地從車門下車。
- 乘坐火車時：應迅速趴到座椅旁，抓住座椅，或用雙手護住頭部，將身體縮在一起，降低重心。
- 乘坐地鐵時：如果坐在座椅上，應注意保護自己的頭部；地震造成停電時，不要慌亂，要在有關人員的指揮下有秩序地撤離，避免擁擠踩踏。

在郊外

- 在郊外遇到地震時，要儘量找空曠的地帶躲避，遠離山腳、陡崖等危險地帶。
- 當遇到山崩、滑坡時，應沿斜坡橫向水平方向撤離，躲到結實的障礙物或地溝、地坎下。

特別提示

身體被埋時怎麼辦

當身體被埋時，要穩定情緒，堅定逃生的信心，儘量改善自己所處的環境：要設法避開身體上方不結實的倒塌物、懸掛物或其他危險物，搬開身邊可移動的碎磚瓦等雜物，擴大活動空間。注意，搬不動時千萬不要勉強，以防周圍雜物進一步倒塌。要設法用磚石、木棍等支撐殘垣斷壁，以防餘震時再被埋壓。聞到煤氣及有毒異味或灰塵太大時，要設法用濕衣物捂住口鼻。不要大喊大叫，要保存體力，努力延長生存時間。當聽到廢墟外面有聲音時，要呼救或不間斷地敲擊身邊能發出聲音的物品，如金屬管道、磚塊等，要想盡一切辦法讓外邊的人知道你被埋的位置。

知道多一點

震前動物預兆

震前動物有先兆，發現異常要報告；牛馬騾羊不進圈，豬不吃食狗亂咬；
鴨不下水岸上鬧，雞飛上樹高聲叫；冰天雪地蛇出洞，老鼠痴呆搬家逃；
兔子豎耳蹦又撞，魚兒驚慌水面跳；蜜蜂羣遷鬧哄哄，鴿子驚飛不回巢。

安全童謠

地震自救歌謠

地震來了不要急，安全地方來躲避；身處平房往外跑，遠離戶外危險區；
逃跑若是來不及，躲到桌下或床底；蹲下身來抱住頭，晃動過後再逃離；
萬一被埋別緊張，先防身體少受傷；找水找食找出口，保存體力等救援。

2. 海嘯

大海有時候温柔平靜，令人陶醉，可是海嘯到來時，頃刻間便會湧出驚濤駭浪，面目猙獰。

2004 年在印度洋海嘯發生時，一名年僅 10 歲的英國小姑娘，憑藉敏鋭的觀察力以及在學校裏掌握的地理知識，預測到這不是一般的驚濤駭浪，而是海嘯到來的前兆，因此她立即要求父母和周圍的人迅速離開沙灘，使得數百人死裏逃生。

同學們一定要像這位小姑娘一樣，多掌握一些海嘯救生知識。儘管我們不能阻止海嘯，但我們卻可以憑藉智慧，將海嘯造成的傷害降到最小。

認識海嘯

海洋中火山爆發，或海底發生強地震、塌陷、滑坡時，會引發具有強大破壞力的海浪運動，這就是海嘯。海岸巨大山體滑坡、小行星濺落地球海洋、水下核爆炸也可以引起海嘯。其中，海底地震是海嘯發生的最主要原因，歷史上特大海嘯基本上都是海底地震引起的。海嘯作為地震的次生災害，其破壞力要遠大於地震。

海嘯具有強大的破壞力和殺傷力，它掀起的海浪高度可達十多米甚至數十米，猶如一堵「水牆」。這種「水牆」內含有極大的能量，衝上陸地後可以席捲樹木、摧毀房屋、吞沒生命，對人類生命和財產造成嚴重威脅。

2004 年 12 月 26 日，強達里氏 9.1－9.3 級的大地震引發的海嘯襲擊了印尼蘇門答臘島海岸，持續長達 10 分鐘，甚至危及遠在索馬里的海岸居民，僅印尼就有 16.6 萬人死亡，斯里蘭卡 3.5 萬人死亡，印度、印尼、斯里蘭卡、緬甸、泰國、馬爾代夫和東非共有 200 多萬人無家可歸。

緊急自救

- 快速遠離海岸：沿海地區一般都設有海嘯預警中心，在海嘯來臨前給當地民眾發出警報，提醒大家提前撤離。但大多數海嘯是突然來臨的，因此一旦發生地震或是海面出現異常情況，就要立刻撤離，遠離海岸。
- 到高處去：海嘯最高速度可達每小時 1000 公里。因此，海嘯來臨時要想倖免於難，得快速往高的地方去，如海邊堅固的建築物高層，或地勢較高的山坡和大樹等處所。
- 抓緊漂浮物：海浪襲來時，不僅速度快，衝擊力也很大，會在瞬間推倒建築，甚至將百年老樹連根拔起。不過，有一些樹木、路燈、建築會抵擋住海浪的襲擊。因此，在海嘯來臨而沒有機會逃往高地時，可緊緊抓住或抱住身邊的漂浮物，如樹木、牀、櫃子以及身邊的建築等，努力使自己漂浮在水面上，堅持到海浪退去或等待救援，不要亂掙扎，以免浪費體力。
- 向岸邊移動：在海上漂浮時，要儘量使自己的鼻子露出水面或者改用嘴呼吸，然後馬上向岸邊移動。海洋一望無際，應注意觀察漂浮物，漂浮物越密集説明離岸越近，漂浮物越稀疏説明離岸越遠。
- 解除警報後再回家：許多不了解海嘯的人，在第一波海浪衝擊過後就以為安全了，因此離開逃生處回到家裏，結果往往在接下來更強烈的海嘯中喪生。不同於地震的是，海嘯可能持續幾分鐘，也可能持續幾個小時。因此，只有解除警報，危險徹底過去後才能離開藏身處。

知道多一點

海嘯徵兆

- 在沿海地區，地震是海嘯的最明顯徵兆，地面強烈震動並發出隆隆聲，預示着海嘯可能襲來。
- 海水突然異常暴退或暴漲，海水冒泡。
- 海灘出現大量深海魚類。因為深海魚類絕不會自己游到海面，只可能被海嘯等異常海洋活動的巨大暗流捲到淺海。
- 海面出現異常的海浪。與通常的漲潮不同，距離海岸不遠的淺海區海面顏色突然變成白色，浪頭很高，並在前方出現一道長長的、明亮的水牆。
- 海上發出類似於噴氣式飛機或列車行駛的巨大聲響。
- 動物行為反常，包括深海魚浮到海灘，地面上的動物逃往高地等。

真實案例

日本海嘯

2011 年 3 月 11 日，日本於當地時間 14 時 46 分發生了里氏 9.0 級地震，震中位於宮城縣以東太平洋海域，震源深度 20 公里。日本氣象廳隨即發佈了海嘯警報，稱地震將引發約 6 米（後修正為 10 米）高的海嘯。後續研究表明，海嘯最高達到了 23 米。據統計，自有記錄以來，此次的 9.0 級地震是全世界第五高。2011 年 3 月 20 日，日本官方確認地震、海嘯造成 8133 人死亡、12272 人失蹤。此外，海嘯對日本核電站也造成了巨大破壞，福島第一核電站受影響最為嚴重，6 個機組中的 4 個均遭到破壞。

3. 洪水

水是生命之源，但一旦肆虐，將會成為難以阻擋的猛獸，吞噬一切。洪水被看作是自然界的頭號殺手和地球上最可怕的原始力量。一旦碰到突然咆哮而來的洪水，我們必須保持冷靜，採取科學的措施進行自救。

認識洪水

洪水通常泛指大水，廣義地講，凡超過江河、湖泊、水庫、海洋等容水場所的承納能力的水量劇增或水位急漲的水流現象，統稱為洪水。洪水災害往往是由河流湖泊和水庫遭受暴雨侵襲引起洪水氾濫造成的，也可能是海底地震、颶風以及堤壩坍塌等造成的。中國幅員遼闊，形成洪水的氣候和自然條件千差萬別，影響洪水形成的人類活動也不一樣，因而形成了多種類型的洪水：按地區可分為河流洪水、暴潮洪水和湖泊洪水等；按成因可分為暴雨洪水、風暴潮、融雪洪水、冰川洪水、冰凌洪水、潰壩洪水等；另外還有混合型洪水，如暴雨和融雪疊加形成雨雪混合型洪水。洪水災害是世界上最嚴重的自然災害之一。洪水往往分佈在人口稠密、農業墾殖度高、江河湖泊集中、降雨充沛的地方。

緊急自救

- 登高躲避再轉移：洪水到來時，如果來不及撤離，要就近迅速向山坡、高地、樓房、避洪台等地轉移，或者立即爬上屋頂、樓房高層、大樹、高牆等高的地方暫避，再找機會向安全地帶轉移。但不要爬到泥坯房的屋頂避難。
- 高壓電線勿觸碰：發現高壓線鐵塔傾斜或者電線斷頭下垂時，一定要遠離，以防觸電；不要爬到帶電的電線杆或鐵塔上逃生。
- 落水抓緊救生物：如不幸被捲入洪水中，不要驚慌，要及時脫掉鞋子，減少阻力，盡可能抓住木板、樹幹、家具等漂在水面上的救生物，尋找機會逃生；如果沒有東西可抓，應該儘量仰着身體，讓口鼻露出水面，深吸氣，淺呼氣，使身體漂浮在水面，等待救援。
- 山洪暴發勿渡河：山洪暴發時不要渡河，以防被洪水沖走，要往與山洪流向垂直的方向撤離；同時不要在山腳下停留，因為洪水常常攜帶着泥沙和樹木、岩石碎塊等，很容易出現山體滑坡、滾石和泥石流。

特別提示

溺水者要配合他人的救助

溺水者應積極配合他人的救助。被救者與救助者互相配合才能成功。配合的方法如下：一是在水中保持鎮靜；二是當救助者游到自己身邊時，溺水者不要亂打水、蹬水，應配合救助者，仰卧水面，由救助者將自己拖拽到安全地帶；三是溺水者不要亂呼喊、招手，要保存體力，等待援救是最重要的。

4. 泥石流

人們不會忘記，2010 年 8 月 8 日，咆哮而至的山洪泥石流，使美麗的「藏鄉江南」甘肅舟曲頃刻間滿目瘡痍，數千人遇難，數萬人痛失家園。有過這樣慘痛的經歷，面對將來可能再度來襲的泥石流，我們應該如何避險逃生呢？

認識泥石流

泥石流是指在山區或者其他溝谷深壑、地形險峻的地區，由暴雨、暴雪或其他自然災害引發的山體滑坡攜帶大量泥沙以及石塊的特殊洪流。一般情況下，泥石流的發生有三個條件：一是大量降水，二是大量碎屑物質，三是山間或山前溝谷地形。泥石流發生的時間一般也有三個規律：一是季節性，泥石流發生的時間規律與集中降雨的時間規律相一致，具有明顯的季節性，一般發生在多雨的夏秋季節；二是週期性，泥石流的發生受暴雨、洪水、地震的影響，當暴雨、洪水兩者的活動週期相疊加時，常常形成泥石流活動的一個高潮；三是突發性，泥石流的發生一般是在一次降雨的高峰期，或是在連續降雨後。泥石流流速快，流量大，破壞力強，易成災。泥石流常常會沖毀公路、鐵路等交通設施甚至村鎮等，造成巨大的財產損失和人員傷亡。

緊急自救

- 向兩側山坡上跑：當處於泥石流區時，千萬不能順溝道方向往上游或下游跑，而應向兩側山坡上跑，離開溝道、河谷地帶；但注意不要在土質鬆軟、土體不穩定的斜坡停留，以免失穩下滑，應選擇基底穩固又較為平緩的地方。
- 就近躲避勿上樹：當泥石流發生來不及逃離時，可就近躲在結實的障礙物下面或者後面，要特別注意保護好頭部；但上樹逃生不可取，因泥石流不同於一般洪水，它流動時可傷及沿途的一切障礙，所以樹上並不安全。

特別提示

慎入山區和溝谷

當遇到長時間降雨或暴雨時，不要進入山區溝谷遊玩，應警惕泥石流的發生。

知道多一點

泥石流預兆

- 河流突然斷流或水勢突然加大，並夾有較多柴草、樹枝。
- 深谷或溝內傳來類似火車轟鳴或悶雷般的聲音。
- 溝谷深處突然變得昏暗，並發生輕微震動。

5. 颱風

夏日裏涼風習習，我們感受到風的温順。但風一旦變起臉來，大地生靈可就要遭殃了。風災中最可怕的莫過於颱風。颱風破壞力超強，常造成人員傷亡、房屋倒塌、林木被毀和其他經濟損失。一旦颱風來襲，我們該如何應對呢？

認識颱風

颱風就是在大氣中繞着一個中心急速旋轉的、同時又向前移動的空氣渦旋。它像個陀螺一樣，一邊旋轉一邊前進。颱風的風速雖然大，但前進的速度並不快，每小時最多幾十公里。成熟的颱風中心，一般都有一個圓形或橢圓形的颱風眼。颱風眼內天氣晴好，白天能看到太陽，晚上能見到星星。而在颱風眼外，卻是天氣最惡劣、大風暴雨最強的區域。我國是世界上受颱風影響最多的國家之一，每年都有颱風登陸，多數在夏季。

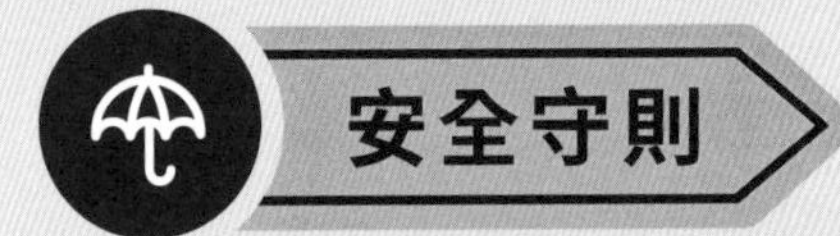

★ 颱風來臨時，不要在戶外玩耍，應該儘快躲進安全的室內。
★ 必須外出時，要穿好雨衣，戴好雨帽，穿上輕便防水的鞋子和顏色鮮豔、合體貼身的衣褲。
★ 行走時應該緩步慢行，不要在順風時跑動，以免停不下來；要盡可能抓住柵欄、柱子或其他穩定的固定物行走。
★ 行走時要儘量彎腰，經過高大的建築物時，要留意玻璃窗、霓虹燈、廣告牌、花盆等高空易落物，以免被砸傷。
★ 要遠離高壓線、電線杆、路燈等有電的物體，以免被颳落的電線擊中。
★ 不要在樹下避風，否則可能會被吹倒的樹或被吹斷的枝丫砸傷。
★ 颱風過境後不久，千萬不要立刻從原來的藏身處出來活動，以免颱風再次從相反方向颳來。
★ 關注天文台的風球訊號，及時作出反應。

如何判斷颱風遠離

颱風侵襲期間風狂雨驟時，突然風歇雨止，這有可能是颱風眼經過的現象，並非颱風已經遠離，短時間後狂風暴雨將會再度來襲。此後，風雨逐漸減小，並變成間歇性降雨，慢慢地風變小，雲升高，雨漸停，這才是颱風離開了。

知道多一點

颱風的命名

颱風很粗暴，但每種颱風卻都有個文雅而特別的名字，如「達維」「悟空」「蝴蝶」「瑪莉亞」「寶霞」等。

最開始，颱風多以女性名字命名，然而這一做法遭到女權主義者的反對；後來颱風的命名一度被當作氣象員諷刺其不喜歡的政治人物的工具，直到 1997 年世界氣象組織颱風委員會第 30 次會議上規範了颱風的命名：事先制定一個命名表，然後按照順序年復一年地循環重複使用。

該命名表中共有 140 個名字，由 WMO 所屬的亞太地區的 14 個成員國和地區提供，每個成員國提供 10 個，按預先確定的次序排名，循環使用。

委員會規定選擇名稱的原則是：文雅，有和平之義，不能為各國帶來麻煩，不涉及商業命名。因此各國多選擇以自然美景、動物植物來為颱風命名，因此有了中國傳説中的神奇人物「悟空」、美麗的「玉兔」，有了密克羅尼西亞傳説中的風神「艾雲尼」、柬埔寨的樹木「科羅旺」、馬來西亞的水果「浪卡」（即菠蘿蜜）以及泰國的綠寶石「莫拉克」等。而破壞力特別大造成極大損失的颱風，會被委員會除名，換上新的命名。

6. 沙塵暴

沙塵暴對人類來説是天使也是惡魔，它不僅給人類帶來緩解中和酸雨、吸附工業煙塵、彌補一些地區土壤不足等很多益處，同時也帶來巨大的傷害。沙塵暴出現時，風沙牆聳立，流沙彌漫，遮天蔽日。它能摧毀建築物、傷害人畜、摧毀農田、掩埋水渠、阻礙交通……危害實在不小，千萬不能小覷。

認識沙塵暴

沙塵暴也稱沙暴或塵暴，是一種強烈的風沙天氣，是指在近地面風力驅動下，裸露於地表的沙粒和塵土被颳入空中，使大氣變混濁、水平能見度小於 1 公里的天氣現象。沙塵暴的形成必須具備一定的條件：地面上的沙塵物質是沙塵暴形成的物質基礎，足夠強勁持久的大風是沙塵暴形成的動力條件，不穩定的空氣狀態是重要的局地熱力條件，乾旱的氣候環境使沙塵暴發生的可能性增大。沙塵暴的形成也與人類活動有對應關係，人為過度放牧、濫伐森林植被、工礦交通建設，尤其是人為過度墾荒破壞地面植被，擾動地面結構，形成大面積沙漠化土地，直接加速了沙塵暴的形成和發育。

安全守則

★ 沙塵天氣應儘量減少外出，若需要外出，應戴上紗巾或口罩，以免風沙對呼吸道和眼睛造成損傷；外出回來後要及時更換衣服，清洗面部，用清水漱口，清理鼻腔。

★ 沙塵天氣應及時關好門窗，以防沙塵進入室內；室內要保持空氣濕度適宜，以免塵土飛揚。

★ 沙塵天氣能見度低，視線不好，行走要謹慎，騎車應減速慢行，注意安全。

★ 出現沙塵暴時，要遠離水渠、水溝、水庫等，避免落水發生溺水事故；如果伴有大風，要遠離高層建築、工地、廣告牌、老樹、枯樹等，以免被高空墜落物砸傷。

★ 出現沙塵暴時，要在牢固、沒有下落物的背風處躲避；在途中突然遭遇強沙塵暴，應尋找安全地點就地躲避。

★ 沙塵天氣空氣比較乾燥，要多飲水，及時補充流失的水分，加快體內各種代謝廢物和毒素的排出。

特別提示

沙塵天氣不宜戴隱形眼鏡

沙塵天氣近視人羣不宜戴隱形眼鏡，沙塵一旦進入眼內，容易附着在隱形眼鏡上，如果不注意衞生，就會導致眼睛發炎。另外，當微粒附着在隱形眼鏡上時，揉眼會造成鏡片的破損，破損的鏡片也會劃傷角膜，造成眼睛感染發炎。

7. 雷電

雷電是伴有閃電和雷鳴的一種常見的自然現象。可別小看雷電，它不僅僅是虛張聲勢地嚇唬人，每年因為雷電而失去生命的大有人在。雷擊已被聯合國列入十大自然災害之一。同學們一定要未雨綢繆，掌握雷雨天氣的自我防護知識。

認識雷電

雷電一般產生於對流發展旺盛的積雨雲中，因此常伴有強烈的陣風和暴雨，有時還伴有冰雹和龍捲風。積雨雲頂部一般較高，可達 20 公里，雲的上部常有冰晶。冰晶的凇附、水滴的破碎以及空氣對流等過程，使雲中產生電荷。雲中電荷的分佈較複雜，但總體而言，雲的上部以正電荷為主，下部以負電荷為主。因此，雲的上、下部之間形成一個電位差。當電位差達到一定程度後，就會產生放電現象，這就是我們常見的閃電現象。閃電的平均電流強度是 3 萬安培，電流強度最大可達 30 萬安培。閃電的電壓很高，約為 1 億－10 億伏特。一個中等強度雷暴的功率可達 1000 萬瓦，相當於一座小型核電站的輸出功率。放電過程中，閃電通道中溫度驟增，使空氣體積急劇膨脹，從而產生衝擊波，導致強烈的雷鳴。帶有電荷的雷雲與地面的突起物接近時，它們之間就發生激烈的放電現象。在雷電放電地點會出現強烈的閃光和爆炸的轟鳴聲，這就是人們看到和聽到的電閃、雷鳴。

安全守則

室內防雷電

★ 要關好門窗，防止雷電直擊室內或球形雷飄進室內。

★ 要關閉電視、電腦、空調等各種家用電器，並切斷電源，以防雷電沿着電源線入侵，毀壞電器，威脅人身安全。

★ 不要在電燈下站立。

★ 不要觸摸和靠近建築外露的水管和煤氣管等金屬物體，因為金屬物體容易導電。

★ 不要使用淋浴器和太陽能熱水器，因水管和防雷裝置都與地相連，雷電流可通過水流傳導而致人傷亡。

★ 儘量不要撥打、接聽座機電話，應拔掉電源和電話線等可能將雷電引入的金屬導線。

室外防雷電

★ 雷雨天氣在路上時，要找安全的地方躲避，最好躲進避雷裝置良好的建築物內或者具有完整金屬車廂的車輛內。

★ 不要靠近電線杆、旗杆、鐵塔、煙囪、草堆等，不要在大樹下躲雨。

★ 不要在江、河、湖、海、塘、渠等水體邊停留，更不要游泳。

★ 不要在高樓平台、山頂，以及車庫、車棚、崗亭等處逗留。

★ 在野外無處躲避時，要雙腳併攏，雙手抱膝，就地蹲下，頭部下俯，儘量降低身體的高度，減少人體與地面的接觸面積，減少跨步電壓帶來的危害。

★ 在空曠的場地不要打金屬柄雨傘，不要把羽毛球拍、鐵鍬等金屬物品扛在肩上，隨身攜帶的鑰匙、手錶、金屬邊框的眼鏡等金屬物品要暫時拋到遠處。

★ 不要騎單車。若是騎着單車，要儘快離開，以免產生導電而被雷擊。

★ 最好不要接聽和撥打手機，因為手機的電磁波會引雷。

★ 乘車途中遭遇雷擊，千萬不要將頭、手伸出窗外。

特別提示

不要在樹下避雨

雷雨天氣不可在大樹下避雨。因為強大的雷電流通過大樹流入地下向四周擴散時，會在不同的地方產生不同的電壓，在兩腳之間產生跨步電壓，導入人體，從而斃命。如萬不得已，則須與樹幹保持 5 米以上的距離，下蹲並雙腿併攏。

知道多一點

避雷針的故事

在 18 世紀以前，人類對於雷電的性質還不了解，那些信奉上帝的人，把雷電引起的火災看作是上帝的懲罰。但一些富有科學精神的人，則已在探索雷電的祕密了。美國科學家富蘭克林認為閃電是一種放電現象。為了證明這一點，他在 1752 年 7 月的一個雷雨天，冒着被雷擊的危險，將一個繫着長長金屬導線的風箏放飛進雷雨雲中，在金屬線末端拴了一串銀鑰匙。當雷電發生時，富蘭克林的手接近鑰匙，鑰匙上迸出一串電火花，富蘭克林感覺手有些麻木。幸虧這次傳下來的閃電比較弱，富蘭克林沒有受傷。富蘭克林在研究閃電與人工摩擦產生的電的一致性時，就從兩者的類比中做出過這樣的推測：既然人工產生的電能被尖端吸收，那麼閃電也能被尖端吸收。他由此設計了風箏實驗，而風箏實驗的成功反過來又證實了他的推測。他由此設想，若能在位於高處的物體上安置一種尖端裝置，就有可能把雷電引入地下。於是他把一根數米長的細鐵棒固定在高大建築物的頂端，在鐵棒與建築物之間用絕緣體隔開，然後用一根導線與鐵棒底端連接，再將導線引入地下。富蘭克林把這種避雷裝置稱為避雷針，經過試用，果然能起到避雷的作用。

避雷針使人類抓住了雷電並將其傳入大地，這是 18 世紀物理學的一個極大的成功，它不知拯救了多少生命，使多少房屋和建築免遭雷擊。

8. 雪災

「北國風光，千里冰封，萬里雪飄」是毛澤東《沁園春．雪》中的名句，但這種場景已不僅僅發生在「北國」，也不僅僅呈現為「風光」。

2008 年 1 月，數十年一遇的雪災與冰凍肆虐大半個中國，農作物受災面積 8764 萬畝，絕收 2536 萬畝；房屋倒塌 48.5 萬間，房屋損壞 168.6 萬間，直接經濟損失達 1516.5 億元。這場災難讓人們看到，皚皚白雪也並不總是美麗的，有時也會成為白色惡魔。面對它，我們一定要提高警惕，注意避險自救。

認識雪災

雪災也稱為白災，是長時間大量降雪造成大範圍積雪成災的自然現象，主要發生在穩定積雪地區和不穩定積雪山區，偶爾出現在暫態積雪地區。雪災分為三種類型：雪崩、風吹雪災害（風雪流）和牧區雪災。其中雪崩是指大量積雪順着溝槽或山坡下滑，有時雪裏夾帶土、石塊和冰塊，是高寒山區自然災害之一。天降大雪，特別是在連續大雪後，雪層迅速加厚而失穩就易發生雪崩。

安全守則

★ 雪天要儘量減少外出，關好門窗；外出時要戴好帽子、圍巾、手套和口罩，穿好防滑鞋等，防寒防凍。

★ 雪天出行，當手和腳趾有麻木感時，可作搓手或踏步運動，以促進血液循環，防止凍傷。

★ 雪天出行要遠離廣告牌、臨時建築物、大樹、電線杆和高壓線塔架；要小心繞開橋下、屋簷等處，以防被上面掉落的冰凌砸中。

★ 大雪剛過或連續下幾場雪後，切勿上山，儘量避開背風坡，以免遭遇雪崩。

知道多一點

雪崩發生時的緊急自救

- 雪崩發生時，應立即拋棄身上所有笨重物品，馬上遠離雪崩的路線。
- 若處於雪崩路線的邊緣，則可快速跑向旁邊或跑到較高的地方，不要朝山下跑，因為此時冰雪也在向山下崩落，向下跑反而危險。
- 若遭遇雪崩無法擺脱，切記閉口屏息，以免冰雪湧入咽喉和肺引發窒息。可以抓緊樹木、岩石等堅固的物體，待冰雪瀉完後便可脱險。
- 如果被雪崩沖下山坡，一定要設法爬到雪堆表面，平躺，用爬行姿勢在雪崩面的底部活動，逆流而上，逃向雪流邊緣。
- 如果被雪埋住，要奮力破雪而出，因為雪崩停止數分鐘之後，碎雪就會凝成硬塊，手腳活動困難，逃生難度更大。

9. 冰雹

冰雹是一種嚴重的災害性天氣。它降落的範圍雖然較小，時間也比較短促，但來勢猛、強度大，並常常伴隨有狂風、強降水、急劇降溫等陣發性災害性天氣。猛烈的冰雹會砸毀莊稼、損壞房屋、破壞交通、阻礙通訊，嚴重的還會砸傷、砸死人畜，我們一定要小心躲避。

認識冰雹

冰雹由冰雪構成，卻降落在夏天。夏天天氣炎熱，太陽把大地烤得滾燙，容易產生大量近地面濕熱空氣。濕熱空氣快速上升，溫度急速下降，有時甚至低到－30℃。熱空氣中的水汽碰到冷空氣凝結成水滴，並很快凍結起來形成小冰珠。

小冰珠在雲層中上下翻滾，不斷將周圍的水滴吸收凝結成冰，變得越來越重，最後就從高空掉下來，這就是冰雹。

安全守則

★ 冰雹天氣要關好門窗，儘量減少戶外活動，也不要到外面去撿冰塊，以免被砸傷。

★ 冰雹天氣電線有可能結冰，被壓斷或垂落，要遠離照明線路、高壓電線和變壓器，絕不能觸摸電線，以免發生觸電事故。

★ 當冰雹在地面上積累了一定厚度，又一時融化不完時，不要赤腳去踩水，以免被凍傷。

緊急自救

- 遭遇冰雹時，一定不能亂跑，因為冰雹很可能迎面砸過來；最好及時轉移到較安全的地方，如結實的房子、防空洞、岩洞，或者臨時躲避在突出的岩石下或粗壯的大樹下。
- 如果附近甚麼也沒有，應該半蹲在地，雙手抱頭，全力保護頭部、胸部與腹部不受到襲擊。可以將背包、鞋或衣服等一切可以利用的物品放在頭上，以起到緩衝的作用。但導電的物品和容易碎的物品，絕對不能用來當避險工具。

知道多一點

冰雹預兆

- 感冷熱：濕氣大，中午太陽輻射強烈，造成空氣對流，易產生雷雨雲而降雹。
- 看雲色：雹雲的顏色先是頂白底黑，而後雲中出現紅色，形成白、黑、紅色亂絞的雲絲，雲邊呈土黃色。
- 聽雷聲：雷音很長，響聲不停，聲音沉悶，像推磨一樣，就會有冰雹。
- 觀閃電：一般雨雲是豎閃，而雹雲的閃電大多是橫閃。

10. 大霧

常言道，「秋冬毒霧殺人刀」。大霧是一種氣象災害天氣，它雖不如颱風、暴雨、龍捲風、冰雹等災害天氣那樣兇猛和驚天動地，但它卻靜悄悄給人類以危害。它不僅會威脅到城市的交通和航空安全，而且霧滴和空氣中的有害氣體結合，形成酸性霧，對人體十分有害。這種天氣我們不能不防。

據科學家測定，霧滴中各種酸、鹼、鹽，胺、酚、塵埃、病原微生物等有害物質的比例，比通常的大氣水滴高出幾十倍。這種污染物對人體的危害以呼吸道危害最為嚴重。因此大霧天不要在外面行走，更不要出外健身。

認識霧

霧是由懸浮在大氣中的微小液滴構成的氣溶膠。當空氣容納的水汽達到最大限度時，就達到了飽和。而氣溫愈高，空氣中所能容納的水汽也愈多。如果地面熱量散失，溫度下降，空氣又相當潮濕，那麼當空氣冷卻到一定程度時，空氣中的一部分水汽就會凝結，變成很多小水滴，懸浮在近地面的空氣層裏，形成霧。霧和雲都是由於溫度下降而造成的，霧實際上也可以説是靠近地面的雲。凡是因大氣中懸浮的水汽凝結，導致能見度低於 1 公里的天氣現象，氣象學上都稱為霧。

安全守則

★ 霧天要儘量減少戶外活動，必須外出時要戴上圍巾、口罩，以防吸入有毒氣體，並保護好皮膚、咽喉、關節等部位，外出歸來後應立即清洗面部及裸露的肌膚。

★ 霧天不宜鍛煉身體，要避免劇烈運動。

★ 霧天應緊閉門窗，避免室外霧氣進入室內。

★ 霧天能見度大大降低，走路要看清路況，騎車要減速慢行，以免發生交通事故。

★ 霧天飲食要清淡，少吃刺激性食物。

特別提示

霧天不宜鍛煉身體

霧天由於近地層空氣污染較嚴重，霧滴在飄移的過程中，不斷與污染物結合，空氣品質遭到嚴重破壞。而且，一些有害物質與水汽結合，毒性會變得更大。另外，組成霧核的顆粒很容易被人吸入，並滯留在體內；而鍛煉身體時吸入空氣的量比不鍛煉時多很多，這更加劇了有害物質對人體的損害，極易誘發或加重各種疾病。總之，霧天鍛煉身體，對身體造成的損傷遠比鍛煉的好處大，霧天鍛煉得不償失。

知道多一點

霧霾

霧霾是霧和霾的混合物，是特定氣候條件與人類活動相互作用的結果。人口密度高的地區，經濟及社會活動必然會產生大量細顆粒物（PM2.5），一旦排放量超過大氣循環能力和承載度，細顆粒物持續積聚，就極易出現大範圍的霧霾。霧霾常見於城市。

霧霾中含有大量的顆粒物，這些包括重金屬等有害物質的顆粒物一旦進入呼吸道並黏着在肺泡上，輕則會引發鼻炎等鼻腔疾病，重則會導致肺纖維化，甚至還有可能導致肺癌。除此之外，若人們大量吸入霧霾，還會患上心血管系統、血液系統、生殖系統的疾病。所以，我們要採取有效的預防措施。

- 戴口罩。阻隔霧霾接觸到口鼻，是直接且有效的預防方式。最好購買專業防霾口罩。
- 戴帽子。頭髮吸附污染物的能力很強，出門前戴帽子，能夠有效減小危害。
- 穿長衣。不要為了瀟灑而短打扮，短打扮會增大和有害空氣接觸的面積。穿長衣可減小危害。
- 減少出門。這樣便直接隔斷了與霧霾的接觸。尤其是老人與兒童，應儘量減少室外活動。
- 戶外「短平快」。霧霾天氣減少戶外活動是非常必要的。出外也要短暫停留，平和呼吸，小步快走。
- 搞好個人衛生。霧霾天氣去上班或做其他的事情，回家後要及時搞好個人衛生。
- 進屋就洗臉、洗手。「全副武裝」在室外逗留後，皮膚接觸有害顆粒物最多的地方就是臉和手，所以，進屋就要洗臉、洗手。
- 注意飲食、調節情緒。多吃含氨基酸的食物，以維持抗體正常的生理、生化、免疫機能，以及生長發育、新陳代謝等生命活動。此外，要多補硒，比如食物補硒和吃一些補硒劑如麥芽硒、蛋白硒等。由於霧天日照少、光線弱、氣壓低，有些人會精神懶散、情緒低落，要注意調節。

4

兒童安全大百科

心理篇

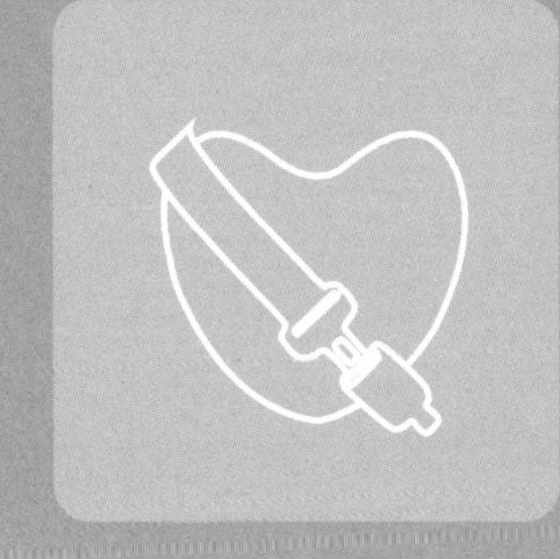

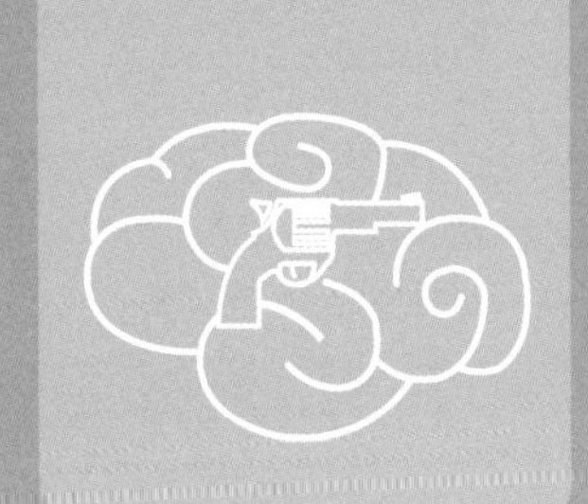

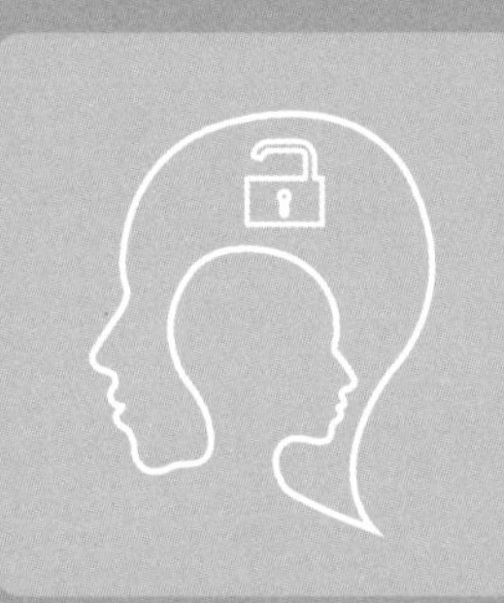

1. 我好煩，一天到晚都在上學、做作業，怎麼辦？

我一天到晚都在上學、做作業，還要經常應付各種考試，心裏不知道有多煩。

你也許不知道，你能每天坐在教室裏上學是件多麼幸福的事兒！好多貧困地區或貧困家庭的孩子渴望上學卻上不起學。你更不知道，學習對一個人的一生有多重要！

一個人從小學到大學畢業，通常要上 16 年學。有些人還會花上更多的時間去讀碩士和博士。花那麼多時間上學，是為了系統掌握科學文化知識和現代技術，培養學習、研究和創新的能力，這樣才能更好地適應社會的變化，並用自己的所學服務社會，使自己成為一個對社會有用的人才。

上學既然這麼重要，你是不是應該注重學習效果，努力學好、學扎實呢？其實老師佈置作業就是為了幫助你鞏固所學的知識，加深你對所學知識的印象。因為如果你不經常複習，所學知識就會逐漸被忘記。做作業就是幫助你複習和加深記憶的一種需要。

那麼，你學習和做作業的效果怎樣呢？用考試來檢測一下吧！它能幫助你弄清楚哪些知識已經掌握了，哪些知識還需要鞏固。你看，考試很重要吧？所以，你一定要認真對待。

2. 我現在想學習了，還能跟上嗎？

我過去一直貪玩，不愛學習，成績落下不少，現在看到幾個好朋友都變成「學霸」了，我不想沒面子，也想好好學習，提高成績，但又有點兒擔心跟不上。

哇！你開始有上進心了，這是好事，我很欣賞你。

你以前沒好好學習，功課落下很多，擔心再怎麼努力也趕不上別人了，其實這種擔心是多餘的。你要相信自己，學習是一個長期的過程，我們每個人幾乎一輩子都在不斷地學習。任何時候，只要想學習了，馬上開始都不晚。另一方面，你不要忽略自己的潛在能力。只要你真的想學習，方法又得當，經過一段時間的努力和堅持，肯定會趕上別人的，説不定還能超過別人呢！給自己點兒信心，加油！

你可以試着給自己規劃一下，列一張計劃表，制定不同時期的不同目標。比如，一節課要達到甚麼目標，一天要達到甚麼目標，一個星期、一個月、一學期、一年要達到甚麼目標……最重要的是，你制訂完計劃，一定要按照這個計劃去執行。如果執行過程中發現計劃有不合適或不合理的地方，可以適當修改。但一定要堅持下去，別犯懶，別受外界干擾和誘惑，別給自己找不學習的藉口。

還等甚麼，時不我待，快快行動起來吧！

3. 我上課發言總是很緊張，聲音還發顫，怎麼辦？

我上課發言老是臉紅心跳，有時說話聲音都發顫，怎麼做才能不這樣呀？

其實，不只是你，這種事兒在不少同學身上也都存在。上課發言之所以臉紅心跳，主要是因為你心理素質不夠強，又缺乏鍛煉。這種情況是可以改變的。

首先，你可以在家裏對着鏡子大聲朗讀或唱歌，練到心裏不慌了，再請幾個鄰居或小朋友來看你的表演。等膽子練得大些了，你可以主動在課上發言，有意識地鍛煉自己。不過，舉手之前要先想好答案，做到心中有數，這樣心就不慌了。回答問題時，要把語速放慢些，聲音洪亮一些，儘量讓大家都聽清楚你在説甚麼。經常在課上回答問題，慢慢地你就不會臉紅心跳了。

其次，要盡可能利用各種機會鍛煉自己，如多和同學聊天，多參加演講比賽，多參加學校組織的各種活動。特別是有文藝演出時，你要是能上台表演個節目，更能鍛鍊自己的膽量，不要怕説錯話或表現不好被別人譏笑，其實，善意的笑聲會讓你發現自己錯在哪裏，好引以為戒。同時，也可以讓父母幫助你多營造一些能夠表達自己、展示自己的氛圍。

總之，樹立起足夠的信心，相信自己能行，你就不會再臉紅心跳，聲音也能變正常了。

4. 我一遇到挫折就感覺世界末日要到了，怎樣才能像別人那樣堅強呢？

別人遇到甚麼事兒好像都挺堅強，可我一受挫折就承受不了，好像世界末日到了一樣。我怎麼才能堅強起來呢？

人和人是有差異的，不同的人對外界刺激的反應是不同的，面對挫折，有人堅強，有人脆弱。

堅強還是脆弱，與一個人的意志力和忍耐力有關，也與人的態度和信心有關。意志力強的人，生活態度樂觀的人，對未來、對自己充滿信心的人，就表現得比較堅強，相反則比較脆弱，經受不起挫折。

你耐挫折的能力差，可能與你的經歷有關。如果你在成長的過程中受到過多的保護，從來不知道付出才會有收穫，從來是一有不如意就有人出手幫忙，那麼你的耐挫折能力肯定不會有多強的。

相反，有的人從小比較獨立，善於從失敗中摸索、學習，能夠在挫折的台階上繼續向上，他們的意志往往就比較強。

你要想變堅強，就向他們學習，從自立、自主開始做起吧！

5. 我也很努力，可成績就是上不去，怎麼辦？

我很刻苦，在學習上花的時間也比別人多，可成績就是上不去，誰能幫幫我？

學習成績不僅與你的努力程度有關，還與你的智力水平、學習方法和學習習慣有關。

人的智力水平有高有低。智力水平較高的人，學習起來相對輕鬆。但智力水平較低的人，可以通過增加學習時間來完成同樣的學習任務，達到同樣的學習效果。這就是人們常說的「勤能補拙」。

此外，學習方法很重要，不同的學習方法產生的學習效率是完全不同的。如果你學習時不注意隨時梳理、總結整體的知識結構，而是把大量的時間花在個別細節上，就很難建立起適合自己的、有機的知識體系，也就不能靈活運用知識、提高學習效率了。

提高學習效率很重要，大致有以下途徑：

- 每天保證 8 小時以上的睡眠，中午堅持午睡。充足的睡眠、飽滿的精神是提高學習效率的基本要求。
- 學習時要全神貫注。玩兒的時候痛快玩兒，學的時候認真學，勞逸結合才能提高效率。
- 堅持體育鍛煉。身體是學習的本錢。沒有一個好的身體，學習起來會感到力不從心，這樣怎麼能提高學習效率呢？
- 學習要主動。只有積極主動地學習，才能感受到學習的樂趣。有了興趣，效率才會提高。

另外，學習習慣也不能忽視。如果你常常一邊寫作業一邊看電視、玩手機，或者想着別的事情，看上去在學習上花了很多時間，實際並沒有，學習效果肯定很差，學習成績當然上不去。

6. 我不想再抽煙、喝酒、打架……可又怕朋友說我不講義氣，怎麼辦？

我喜歡跟朋友們在一起，但時間長了，我發現，和他們在一起做的都是壞事，如抽煙、喝酒、打架、偷東西……我心裏真不想再做這些事了，可又不好意思拒絕朋友們的邀請，怎麼辦呢？

明知道不該做的事還繼續做下去，會讓人慢慢失去自控能力，最終越陷越深。你可以找你信任的人說出心裏的苦惱，讓自己心裏舒服點兒，也聽聽他們的建議。他們多半會告訴你，當有人再邀你做不該做的事時，要學會說「不」。如果你不好意思拒絕，就會再次妥協，使朋友認識不到錯誤，使你們的關係沿着錯誤的軌跡越走越遠。如果這算講義氣的話，還是不講為好。

一個人講義氣是要有原則的，不能不分對錯，只要朋友說的就照做。那些拉你做壞事的人，絕不能算是朋友。所以你要堅決表明你的態度：小孩子抽煙喝酒不好，對身體有害；打架、偷東西是錯誤的，甚至是犯法的，不能做。如果你能想辦法說服他們也不做壞事了，那才是講義氣呢！如果他們不聽勸告，你最好與他們斷絕來往，結交新的朋友。老師、家長都會支持你這麼做的。

7. 怎樣才有好人緣，才不被人討厭呢？

下課了，同學們呼啦一下都圍到桐桐的身邊，有給她帶漫畫書的，也有給她帶零食的，還有跟她聊卡通片故事情節的，她超有人氣！看到她那麼受同學歡迎，我感覺自己好孤單，怎麼沒人願意理我呢？我也想有好人緣，不想被人討厭。

有好人緣確實令人開心，不過，要想不被人討厭，並且擁有好人緣，得自己努力爭取。給你些建議，你試試看：

- 主動和同學親近。你主動和同學打招呼聊天，同學才會和你逐漸熟悉並親近起來。如果你不主動，別人會以為你很內向或很難接近，時間長了就不願意和你交往了。
- 儘量寬容大度些。有些同學一遇到事兒就斤斤計較，喜歡生氣鬧彆扭，而且吵兩句嘴就不理你；事後後悔了，又不知怎樣與你和好。這時，如果你能大度些，主動與其和好，不去計較對錯，同學看你這麼寬容友善，都會願意和你交往的。

- 多學課外知識。如果你知識面廣，跟同學天南海北地聊天時，説甚麼你都知道一些，就容易跟人聊得來。這樣，朋友自然就多了。
- 多點兒興趣愛好。興趣愛好多，就能跟有相同愛好的同學玩兒到一塊兒。這樣，朋友也會多起來。
- 不説傷人的話。和同學相處，不論是聊天，還是談笑，不要揭人傷疤，不要冷嘲熱諷，待人要真誠。
- 不自私，不自以為是。和同學相處，不要凡事只想自己，要多站在朋友的立場想想，更不要發號施令，有甚麼事大家一起商量。

8. 我跟好朋友吵架了，用甚麼方法和好呢？

因為一些小事，我跟好朋友吵架了，他不理我了，我現在很後悔。我想與他和好，又拉不下面子，用甚麼方法好呢？

你和好朋友吵架後，心裏一定很難受吧？

如果你想儘快與朋友和解，又放不下架子，有一些實用的方法你可以試試：

一是可以寫個小紙條，把當面不好意思説的都寫在紙上，比如「對不起，我不想和你吵架，但當時情緒有點兒失控，都是我的錯，請你原諒我吧」；

二是可以發短訊説你當面難以啟齒的話；

三是可以悄悄地幫朋友做點兒事情，送個小禮物，或從家裏帶點水果零食給他，用實際行動表達你的心意，這樣就能化解你們之間的尷尬了。

其實，吵架沒有絕對的誰對誰錯，率先表現出高姿態，朋友看你那麼主動和大度，也會在心裏反省自己的過失，然後接受你的道歉。

解鈴還須繫鈴人，有了矛盾不要逃避，要拿出勇氣面對和解決，用你的真誠打動朋友，這樣你們就會和好如初了。

9. 好朋友誤解我了，我很委屈、很難過，怎麼辦？

我的好朋友婷婷最近對我愛搭不理，我很難過，但又不知為甚麼。一個偶然的機會，我才聽說，原來婷婷誤會我在老師面前告了她的狀。可我是被冤枉的，所以我現在心情很不好，該怎麼辦呢？

被人誤解或冤枉是常有的事兒，這的確讓人難受，但如果你覺得自己沒做錯甚麼，沒必要費口舌去解釋，就此也不理誤解你的人了，這不僅解決不了問題，還會使情況變得更糟，甚至使你們的關係徹底變僵。假如你不想失去婷婷這個朋友，最好儘快找機會跟她解釋清楚，消除誤會，盡早和解。如果誤會不能馬上消除，你也要看開一些，相信事情總有水落石出的一天，不要因此封閉自己或委曲求全，承認自己沒做過的事兒。相信只要你有足夠的誠意，婷婷遲早會與你和好的。

10. 我在暗戀班裏一個女生，我能跟她表白嗎？

我在暗戀班裏一個女生，她人長得漂亮，能歌善舞，每次學校聯歡，她都是壓軸的。我看她表演時，眼睛都不捨得眨一下。可我不知她喜不喜歡我，我能跟她表白嗎？

你說你暗戀一個女生，我想這也許不是暗戀，只是一種很單純的傾慕和喜歡而已。從你的描述中可以看出，你對異性的感情很純真，只是欣賞她的相貌和才華而已。

小學期間喜歡上一個異性同學是很正常的。這說明你正從「以自我為中心」的世界裏走出來，慢慢地開始理解別人，願意和別人交朋友。出於好感或好奇，你想了解她、接近她，但又因為她太耀眼而心生膽怯。

要知道，喜歡和戀愛有相同之處，也有不同之處。這兩種情感都是積極的，都表現為接納對方並願意和對方在一起。但喜歡是一般性的情感，更多的屬於友誼。戀愛則更為專一，更多的屬於愛情。一個人可以同時喜歡很多人，和很多人交朋友，但不能同時和很多人談戀愛，更不可以同時和很多人結婚。小朋友要分辨清楚對異性同學的感情和成年人之間的愛情並不相同，可以試着和對方成為好朋友。

11. 有的男生想要接觸我的身體，我要怎麼做才好？

我現在是小學 6 年級的女生了，不知為甚麼，時常被男生捉弄。有時，周圍沒有別人的時候，有的男生還想摸我或擁抱我。我該怎麼做好呢？

小學高年級的學生，到了青春期，對異性都充滿好奇，但並不了解異性。所以膽大一點兒的男生，就會做一些惡作劇，想以此來多接觸女生。你可能比其他女生發育早，男生對你的好奇就多些。這時，你千萬不要因為不好意思拒絕，就同意男生的要求，這種要求是非禮的。如果你允許他碰你的身體，下次他就會想和你有更多的肢體接觸。如果是喜歡你的男生對你提出這方面的請求，你也要回絕他，不要怕他不高興。如果他真的喜歡你、關心你，就會尊重你的意見，接受你的拒絕和建議；如果他不顧你的感受，使用暴力，你要立刻告訴老師或父母，甚至可以打 999 報警。以後，要避免和他單獨在一起，並和他斷絕往來。如果你也好奇，答應和他一起做越軌的事兒，一定會嚐到苦果，並有可能為此付出慘痛代價。

12. 老師私下總對我做些親暱的動作，我討厭這樣，怎麼辦？

我們學校有一個老師，老是留下我幫他批改作業，等大家都走了，就跟我拉拉扯扯，做些親暱的動作。我不敢叫，也不敢跟爸爸、媽媽說，可我討厭老師這樣。

這個老師的行為已經屬於性騷擾，如果你不敢對他說「不」，他會一直找機會騷擾你，而且會變本加厲，甚至會升級到性侵害。這對你非常不利，也非常危險。建議你及早跟父母說清楚，讓父母找學校對那個老師採取措施，制止他再犯同樣的錯誤。

陌生人對你進行性騷擾，容易引起你的戒備，但身邊的熟人，如老師、同學、鄰居、親友等對你進行性騷擾，你反而容易放鬆警惕。所以，在這些認識的異性面前，你不要穿得太單薄、太暴露，也不要和他們有過於親密的肢體接觸。對異性的挑逗，你要堅決說「不」，還要及時告訴父母。如果有必要，可以請求保護未成年人的機構保護自己，也可以報警。

13. 她甚麼都比我強，我很嫉妒，怎麼辦？

小娜長得漂亮，學習好，好多男生都喜歡她，女生也很羨慕她。可我卻不以為然：「哼，有甚麼了不起！」同學們看到我這樣，都說我吃不到葡萄說葡萄酸。我真嫉妒她，怎麼誰都喜歡她？

你有嫉妒心理是因為你某些方面不如小娜，可又不甘心落後。其實，每個人都有嫉妒心，只是有的人嫉妒心強，有的人嫉妒心弱。嫉妒心強的人由於害怕別人比自己強，或者自己想趕超別人又趕超不了，就會情緒低落，甚至煩躁，產生偏激心理，專記別人的缺點，不記別人的好處，還出言諷刺挖苦，對人冷淡。

如果你也這樣，說明你的嫉妒心很強，把比你優秀的人變成了假想敵，這會讓你渾身帶刺，使別人都討厭你、遠離你。要想改變這種情況，建議你改變心態，正確看待別人的長處和自己的短處。你可以努力趕超別人，但同時也要明白，不是所有弱點努力後都能消除，所以，即使你趕不上別人，也不用自卑。你只要清楚自己的優勢是甚麼，並將這種優勢儘量發揮到最大，別人是會看到並認可的。

另外，要大度，看待一個人一定要多看別人的長處，包容別人的不足，那樣你也會成為一個受歡迎的人。

14. 小孩一定要聽大人的話嗎，他們就都對嗎？

媽媽對我要求特別多，讓我甚麼都聽她的，比如每天做完作業再玩、吃飯不能出聲、九點洗澡、九點半上牀、十點睡覺、看卡通片不能超過半小時……我好像甚麼事情都不能自己做主。小孩一定要聽大人的話嗎，他們就都對嗎？

你問得好。這說明你開始思考問題了。我也問你一個問題：我們為甚麼能過上現在的生活？也許你沒認真想過這個問題，也許你覺得一切都是順理成章的。但你知道嗎？無數上一代的「大人們」經過不懈的探索研究，把自己的寶貴經驗傳授給下一代，下一代吸收利用並加以創新，才有了那麼多的發明創造。我們身邊的大人們，既汲取了他們上一代的寶貴經驗，又有自己的生活實踐，從中積累了寶貴的知識和經驗，其中有成功，也有失敗。這些經驗，大多數情況下會對你的人生有指導作用，讓你少走彎路。如果你聽了大人的話，再有意識地去體驗和總結，就可以把它變成自己的人生經驗，那將是你一生受用不盡的寶貴財富。當然，大人們也不會做甚麼都正確，這時你可以坐下來和他們商量，提出自己的意見。

15. 我一玩電腦遊戲就上癮，怎麼才能控制住自己呢？

最近，我迷上了電腦遊戲，尤其是網絡遊戲，一玩就上癮，怎麼也收不了手。

這是因為，網絡遊戲是多人參與的網上電子遊戲。平時你在電腦上玩遊戲，遊戲都是設計好的，你玩過一關還有下一關，要想通關，得過完規定的關數。過關的過程中，你可能會得到積分或獎賞，級別也越來越高，體驗到一種特殊的興奮與滿足，這使你上癮。不過，自己一個人在電腦上玩兒，拚的是自己的智力水平，雖然有些遊戲也能與電腦競賽，但畢竟是人與機器的對抗，樂趣少些。而網絡遊戲則可以同時和很多人在線玩兒，它是人與人的對抗，更有趣味性和挑戰性，更讓人興奮。而且，由於有網友牽絆，即使你想停止遊戲，網友也不幹。加上有些網絡遊戲還能讓你具有現實中沒有的超能力，這給你帶來很大的成就感，尤其使你興奮。但這種興奮會因為不斷的刺激而減弱。因此，為了達到同樣程度的興奮，需要的刺激量會逐漸增加。於是，你玩遊戲的時間就越來越長，玩的程度也越來越激烈，最後欲罷不能。

要想控制自己玩遊戲的欲望，就得有一定的自制力。你要選擇健康的益智遊戲，對那些充滿暴力、血腥等不良內容的遊戲，要堅決抵制。同時要給自己規定玩遊戲的時間，比如固定在完成作業後玩半個小時，並讓爸爸、媽媽監督自己，時間一到，立刻斷網。堅持一段時間，你就能控制住自己了。

要想完全從內心深處擺脱遊戲的誘惑，你還需要找到現實世界中能夠吸引你的注意力、激發你興趣的事情來做，比如打球、游泳，以此填滿你的課餘時間。你還可以給自己設立個每次進步一點點的考試目標，當你達到目標的時候，你就會獲得虛擬世界給不了你的那種真正的成就感，從而對生活充滿信心。

16. 我的理想跟父母希望的不一樣，怎麼辦？

我從小就崇拜大明星，總夢想着自己有朝一日也當明星，讓大家都認識我、崇拜我。可爸爸、媽媽覺得眼下還是好好讀書，將來考個好大學才更現實些。他們不管我願不願意，就想方設法讓我學這學那。可我的理想和父母希望的不一樣，怎麼辦呢？

其實，很多孩子都有和你類似的經歷和煩惱。就説貝多芬吧，他從 4 歲開始，就被父母硬拉去學彈鋼琴，結果沒像父母期望的那樣變成鋼琴家，卻成為著名的作曲家。

比較好的解決辦法是你一面學好功課，一面充分展示自己的藝術才能，讓父母認可你將來在這方面大有可為，父母就會理解你、支持你，並成為你實現理想的助力。但如果你只是貪圖明星耀眼的光環，而並沒有甚麼藝術天賦的話，還是應該把不切實際的想法打消，好好學習，根據自身特點，尋找適合自己的奮鬥目標，然後跟父母好好溝通。只要是合理的請求，父母會支持你的。

17. 如果爸爸、媽媽離婚，他們還會愛我嗎？

爸爸、媽媽要離婚了，我覺得自己會很不幸，從此可能再沒人愛我了。

你的爸爸、媽媽要離婚，可能是因為他們感情不和，也可能是他們希望追求自己喜歡的生活。這無可厚非，每個人都有追求幸福和自由的權利。但對於家庭來說，離婚畢竟是不幸的事，它意味着一個家庭的解體，特別是對於你這麼大的孩子，爸爸、媽媽要離婚，會讓你的生活徹底改變。你一定很難過、很苦悶吧？那就大聲哭出來，別憋在心裏，這能幫你減輕心理壓力。如果你能和爸爸、媽媽談談，把你的感受告訴他們，讓他們認真考慮，別一時衝動做決定，也許他們會和好。

但當你無論怎麼努力也無法挽回爸爸、媽媽的婚姻時，那說明他們真的不適合在一起了。因為婚姻是美好的，但沒有愛情的婚姻是痛苦的。所以，即使無奈，你也要學會面對生活的變故，學會接受現實。你肯定不希望看到父母痛苦一輩子吧？

不過，你也不用過分擔心，你的爸爸、媽媽即使離婚，也還會愛你的，你永遠是他們的孩子，他們永遠是你的爸爸、媽媽。

18. 爸爸既懶惰又對媽媽不好，甚至還動手打媽媽，我討厭他，怎麼辦？

爸爸可大男子主義了，在家甚麼活都不幹，還經常對媽媽大吼大叫，甚至動手打媽媽。他上一天班，媽媽也上一天班呀！媽媽回到家後做飯、洗衣服、打掃衛生，還要幫我補習功課，一刻不停地忙，爸爸都不知道臉紅嗎？我討厭他！

爸爸不尊重媽媽，確實不對。你討厭他，說明你有朦朧的正義感和同情心。不過，爸爸有缺點，你可以幫助他，而不能討厭他，不然只能讓你的家庭關係更加惡化。而且，他畢竟是你的爸爸呀！如果你理解媽媽，同情媽媽的處境，就要安慰媽媽，經常逗媽媽開心，儘量幫媽媽做些力所能及的家務事，而且要努力學習，讓她少為你操心。另外，你要告訴爸爸，媽媽工作也有壓力，回家還要承擔那麼多的家務，很辛苦，作為男子漢，應該保護媽媽、愛護媽媽，拿壓力作藉口、粗暴地對待媽媽是不對的。

無論怎樣，一家人都應該相互體諒，這樣家才能變得温馨、和諧。

19. 別的同學甚麼都有，我卻甚麼也買不起，好想家裏有很多錢，怎麼辦？

有的同學總是坐着小汽車來上學，書包、文具都是名牌，而且要甚麼家裏就給買甚麼，零花錢也多。這些我都沒有，因為家裏條件不好，連買個像樣點兒的文具媽媽都不答應。我好羨慕那些同學，也好想家裏有很多錢。

有錢確實好，可以想買甚麼就買甚麼，也能讓生活變得豐富，想幹甚麼就幹甚麼。這也是人們喜歡錢的原因。但掙錢多少與人們的工作有很大關係。有人從事的行業，收入普遍較高；有人從事的行業，收入普遍較低。職業不同，收入就不同。即使職業相同，如果崗位不同，收入也不一樣。你家錢少，可能跟你爸爸、媽媽的工作有關係。要想掙錢多，就得想辦法換工作，或者多做幾份工作。不過，如果你強求父母做他們做不來的事情，就說明你有些自私了。太看重金錢，又時常跟別人攀比，可能會讓你滋生虛榮心，不利於你的品德培養和人格塑造。如果你只是想讓家裏生活寬裕些，那就要從現在開始好好學習，增長本領，將來走上社會，能憑自己的本領去掙錢，這樣，既為社會做了貢獻，又能讓爸爸、媽媽過上好一點兒的生活。

20. 爸爸又結婚了，我討厭新媽媽和小弟弟，也討厭爸爸，怎麼辦？

我的爸爸、媽媽離婚後，爸爸娶了新媽媽，生了小弟弟。現在，爸爸讓我幹這幹那，還逼着我學習，我開始有點兒討厭他了，而且他好像只喜歡新媽媽和小弟弟了。不過，我最討厭的還是新媽媽和小弟弟，是他們搶走了爸爸對我的愛。

遇到這種情況，你如果能換一種心態，站在爸爸的立場上想想，也許你會發現，自從新媽媽進門，爸爸變得很幸福、很開心。你如果放棄對新媽媽的成見，不嫉妒爸爸疼愛小弟弟，甚至幫忙照顧小弟弟，一方面可以增進兄弟感情，另一方面更容易讓新媽媽接納你、親近你，並且逐漸像親媽媽一樣疼愛你。家庭和睦了，你的爸爸也會因你懂事而更加疼愛你。你也可以將煩惱向可信賴的師長傾訴，請他們給予建議和幫助。

兒童安全大百科

附錄

遇險求救方法

危難時刻，如果你不能自救，就需要向別人求助，發出需要別人幫助的求救信號。掌握求救知識，會在關鍵時候給你巨大的幫助，甚至拯救你的生命。

電話報警

很少有人不知道報警電話，但卻很少有人知道如何正確撥打。「報警早，損失小」。危難之時，如果救護人員早一分鐘到達，就會減少一分危險。但如果報警電話撥打不當，不但會貽誤事故、案件的最佳處理時機，也會給警方造成不必要的負擔。那麼怎樣才能讓你的報警及時有效呢？

● 如何撥打報警求助電話「999」

當發現殺人、搶劫、綁架、傷害、盜竊等各類刑事案件，或者目睹擾亂社會秩序、賭博、吸毒、結夥鬥毆等違法亂紀行為，各種自然災害來襲，發生交通事故和火災事故，以及遇到危難、處於孤立無援境地的時候，你都可以撥打「999」報警求助電話。正確撥打方法如下：

1. 撥打報警求助電話，要就近並抓緊時間，沉着鎮靜，聽見撥號音後，再撥「999」號碼。
2. 撥通「999」電話後，應再詢問一遍對方是不是「999」，以免打錯電話。
3. 確認撥通「999」後，要立即講清案發、災害事故或求助的確切地址。
4. 簡要說明情況。如果是求助，要講清求助甚麼事；如果是發生了案件，則要講清案發時間，作案人體貌特徵、人數、作案工具、逃跑方向、使用的交通工具等情況；如果是災害事故，要講清災害事故的性質、範圍和損害程度等情況。講述時要控制情緒，吐字清楚。
5. 要冷靜地回答接警人員的提問，並告知你的姓名和電話號碼，以便保持聯繫。
6. 報警後若無特殊情況，應在事發現場等候，並保護好現場，隨時接受「999」指揮中心的電話詢問，發現前來處理的警察，要及時主動取得聯繫。
7. 如果歹徒正在行兇，撥打「999」報警求助電話時要注意隱蔽，別讓歹徒發現。

● 如何撥打火警電話「999」

發現火情的時候，應立即撥打「999」電話報警。正確撥打方法如下：

1. 撥打火警電話，要沉着鎮靜，聽見撥號音後，再撥「999」號碼。

2. 撥通「999」電話後，應再詢問一遍對方是不是「999」，以免打錯電話。
3. 要講清發生火災的準確地址，包括街道名稱、樓房號碼、門牌號等；如說不清楚，也可以提供周圍明顯的建築物或道路標誌等信息。
4. 要講清是甚麼東西着火，是甚麼原因引起的火災，說清火勢情況及火災範圍，以便消防人員及時採取相應的滅火措施。
5. 要冷靜地回答接警人員的提問，並告知你的姓名和電話號碼，以便保持聯繫。

● 如何撥打醫療急救電話「999」

要為自己或他人尋求醫療緊急救助，應撥打「999」電話報警。正確撥打方法如下：
1. 撥打醫療急救電話，要沉着鎮靜，聽見撥號音後，再撥「999」號碼。
2. 撥通「999」電話後，應再詢問一遍對方是不是「999」，以免打錯電話。
3. 要講清需要急救的人數、病人的病情以及所處的詳細地址，以利於救護人員及時趕到，爭取搶救時間。
4. 要冷靜地回答接警人員的提問，並告知你的姓名和電話號碼，以便保持聯繫。

● 如何撥打交通事故報警電話「999」

當遇到道路交通事故時，應撥打「999」電話報警。正確撥打方法如下：
1. 撥打交通事故報警電話，要沉着鎮靜，聽見撥號音後，再撥「999」號碼。
2. 撥通「999」電話後，應再詢問一遍對方是不是「999」，以免打錯電話。
3. 要講清事故發生的地點、位置和時間，以及人員傷亡等事故的主要情況，以便快速出警，及時搶救傷者。
4. 要冷靜地回答接警人員的提問，並告知你的姓名和電話號碼，以便保持聯繫。

特別提示：撥打報警電話是非常嚴肅的事，報警要實事求是，不能誇大事實。也不要開玩笑或因好奇而隨便撥打，以免造成資源浪費，謊報警情可能違反法律遭致檢控。

聲響求救

遇到危難時，除了喊叫求救外，還可以吹響哨子、擊打臉盆、用木棍敲打物品、用斧頭擊打門窗或敲打其他能發聲的金屬器皿，甚至打碎玻璃等物品，向周圍發出求救信號。

光線求救

遇到危難時，利用回光反射信號，是最有效的辦法。常見工具有手電筒，以及可利用的能反光的物品（如鏡子、罐頭皮、玻璃片、眼鏡等），每分鐘閃照 6 次，停頓 1 分鐘後，再重複進行。

拋物求救

在高樓遇到危難時，可拋擲較軟的物品，如枕頭、書本、空塑料瓶等，以引起下面人的注意並指示方位。

煙火求救

在野外遇到危難時，白天可燃燒新鮮樹枝、青草等植物發出煙霧，晚上可點燃乾柴，發出明亮、耀眼的火力向周圍求救，但要避免引起火災。

地面標誌求救

在比較開闊的地面，如草地、海灘、雪地上，可以製作地面標誌，利用樹枝、石塊、帳篷、衣服等一切可利用的材料，在空地上堆擺出「SOS」或其他求救字樣。

留下信息

當離開危險地時，要留下一些信號物，以便讓營救人員發現，及時了解你的位置或者去過的地方。一路上留下方向指示，有助於營救人員找尋到你，也能在自己迷路時作為嚮導。